职业教育信息技术类专业“十三五”规划教材

Photoshop CC 2018
平面设计项目实战

主　编　周悦文

副主编　卫　燕

中国铁道出版社有限公司

CHINA RAILWAY PUBLISHING HOUSE CO., LTD.

内容简介

Photoshop 是由 Adobe 公司开发的图形图像处理和编辑软件，是照片处理、广告设计、网页设计、图像创意和界面设计的必备软件。全书分为 7 个项目，内容包括照片处理、标志设计、海报招贴设计、包装设计、折页设计、VI 设计与创意设计。本书采用项目引领、任务驱动的编写方式，可使读者快速掌握软件的功能和使用方法。

本书附带数字资源，包括书中所有的素材及效果文件。通过扫描书中的二维码可观看当前任务的微课视频。

本书适合作为职业院校计算机专业、平面设计专业的教材，也可作为图形图像处理、平面设计人员的参考用书。

图书在版编目（CIP）数据

Photoshop CC 2018 平面设计项目实战 / 周悦文主编 . —北京：中国铁道出版社有限公司 , 2020.6（2022.9 重印）
职业教育信息技术类专业“十三五”规划教材
ISBN 978-7-113-26405-5

Ⅰ. ① P… Ⅱ. ①周… Ⅲ. ①图象处理软件－职业教育－教材 Ⅳ. ① TP391.413

中国版本图书馆 CIP 数据核字(2020)第 063308 号

书　　名：Photoshop CC 2018 平面设计项目实战
作　　者：周悦文

策　　划：邬郑希　　　　**编辑部电话：**（010）83527746
责任编辑：邬郑希　彭立辉
封面设计：刘　颖
责任校对：张玉华
责任印制：樊启鹏

出版发行：中国铁道出版社有限公司（100054，北京市西城区右安门西街 8 号）
网　　址：http://www.tdpress.com/51eds/
印　　刷：北京柏力行彩印有限公司
版　　次：2020 年 6 月第 1 版　2022 年 9 月第 5 次印刷
开　　本：787 mm×1 092 mm 1/16　**印张：**13　**字数：**254 千
书　　号：ISBN 978-7-113-26405-5
定　　价：52.00 元

版权所有　侵权必究

凡购买铁道版图书，如有印制质量问题，请与本社教材图书营销部联系调换。电话：（010）63550836

打击盗版举报电话：（010）63549461

前 言

Photoshop 是由 Adobe 公司开发的图形图像处理和编辑软件，是目前优秀的平面设计软件之一，是照片处理、广告设计、网页设计、图像创意和界面设计的必备软件，深受图形图像处理爱好者和平面设计人员的喜爱。

本书以服务为宗旨，以就业为导向，立足于“校企合作”平台，以培养“职业能力”为核心，以“工作实践”为主线，以“工作项目”为导向，采用项目引领、任务驱动的教学方式，基于职业教育课程的结构来构建教学内容，面向平面设计师岗位，细化课程内容，以简单而真实的企业图像设计任务驱动学习。

本书基于 Photoshop CC 2018 进行设计和讲解，分为 7 个项目，包括照片处理、标志设计、海报招贴设计、包装设计、折页设计、VI 设计与创意设计。本书通过任务演练使读者快速熟悉软件功能和艺术设计思路，通过软件功能解析使读者深入学习软件功能和制作特色，拓展实际应用能力。在内容编写方面，以企业中实际的工作作为任务，实用性强；在文字叙述方面，言简意赅、重点突出、配图清晰。

本书附带数字资源，包括书中所有的素材及效果文件。通过扫描书中的二维码可观看当前任务的微课视频，读者可自行学习。本书配套课程平台网址为 http://moocl.chaoxing.com/course/205378258.html，欢迎大家登录平台学习。本书的参考学时为 78 学时，其中，讲授 16 学时，实践环节 62 学时。

项 目	课 程 内 容	学 时 分 配	
		讲 授	实 训
项目一	照片处理	2	8
项目二	标志设计	2	8
项目三	海报招贴设计	2	8
项目四	包装设计	2	8
项目五	折页设计	2	8
项目六	VI 设计	2	10
项目七	创意设计	4	12
合计		16	62

本书由周悦文任主编，卫燕任副主编，王泓滢、陆燕参与编写。全书由朱慧群主审。

由于时间仓促，编者水平有限，书中难免存在疏漏和不妥之处，恳请广大读者批评指正。

编 者

2020 年 3 月

目 录

项目一 照片处理 ········· 1
任务一 艺术化照片 ········· 2
任务二 修复旧照片 ········· 5
任务三 年轻化人像 ········· 8
任务四 水墨画照片 ········· 14
知识与技能 ········· 17
拓展与提高 ········· 28
项目二 标志设计 ········· 29
任务一 设计糖果商店标志 ········· 30
任务二 设计饮料标志 ········· 35
任务三 设计房产公司标志 ········· 38
任务四 设计学校标志 ········· 42
知识与技能 ········· 47
拓展与提高 ········· 52
项目三 海报招贴设计 ········· 54
任务一 设计电影宣传海报 ········· 55
任务二 设计西餐店开业海报 ········· 57
任务三 设计汽车展览招贴 ········· 63
任务四 设计动态商场促销招贴 ········· 68
知识与技能 ········· 74
拓展与提高 ········· 80
项目四 包装设计 ········· 82
任务一 设计香水包装 ········· 83
任务二 设计茶叶盒包装 ········· 88
任务三 设计光盘盒子 ········· 94
任务四 设计膨化食品包装 ········· 103

知识与技能 …… 112
拓展与提高 …… 116

项目五　折页设计 …… 118

任务一　设计节目单 …… 119
任务二　设计元旦贺卡折页 …… 124
任务三　设计学校招生宣传画册 …… 131
任务四　设计儿童书籍封面 …… 138
知识与技能 …… 144
拓展与提高 …… 152

项目六　VI 设计 …… 153

任务一　设计企业标志 …… 154
任务二　设计名片 …… 156
任务三　设计手提袋 …… 158
任务四　设计企业手机 APP 界面 …… 166
知识与技能 …… 173
拓展与提高 …… 177

项目七　创意设计 …… 178

任务一　设计 3D 艺术文字 …… 179
任务二　设计旅游创意照片 …… 183
任务三　设计绚丽手机创意海报 …… 186
任务四　设计清新个人主页 …… 189
知识与技能 …… 193
拓展与提高 …… 202

项目一

照 片 处 理

数码照片是数字化的摄影作品，Photoshop 中常用的修图包括照片的瑕疵修复、照片色调的个性化调整、人物容貌及身材修饰、数码照片创意合成、写真及婚纱照片的处理、数码照片衍生产品的制作等。本项目主要讲解使用 Photoshop CC 2018 艺术化照片、修复旧照片、年轻化人像和打造水墨画风格照片，掌握调整图像色彩、修复工具、魔棒工具、滤镜和历史记录艺术画笔工具等的使用。

能力目标

◎ 能使用调整图像色彩工具对图像进行调色。

◎ 能使用修复工具修复照片。

◎ 能使用魔棒工具进行抠图。

◎ 能使用滤镜对图片设置艺术化效果。

◎ 能使用历史记录艺术画笔工具对图片设置艺术化效果。

素质目标

◎ 培养设计艺术化照片的创新意识。

◎ 培养团队合作精神。

任务一　艺术化照片

任务描述

本任务是对旅游照片进行艺术化修饰。通过本任务的学习，掌握使用滤镜工具、魔棒工具、调整图层工具、历史记录艺术画笔工具设计制作艺术化的照片。

最终效果如图 1-1-1 所示。

图 1-1-1　艺术化照片效果图

艺术化照片视频

重点和难点

重点：滤镜工具、魔棒工具、调整图层工具、历史记录艺术画笔工具的使用。

难点：灵活运用调整图层工具修饰图片。

方法与步骤

1. 新建画布

选择“文件”→“打开”命令，导入素材文件“女孩 .jpg”，按【Ctrl+J】组合键复制图层，得到“图层 1”。

2. 调整图像颜色

选择“图层 1”，单击“图层”面板中的“创建新的填充或调整图层”按钮，在弹出的下拉菜单中选择“色阶”命令，如图 1-1-2 所示，为图片去灰，效果如图 1-1-3 所示。右击“色阶”图层，在弹出的快捷菜单中选择“创建剪贴蒙版”命令，则“色阶”效果只应用于“图层 1”图层。

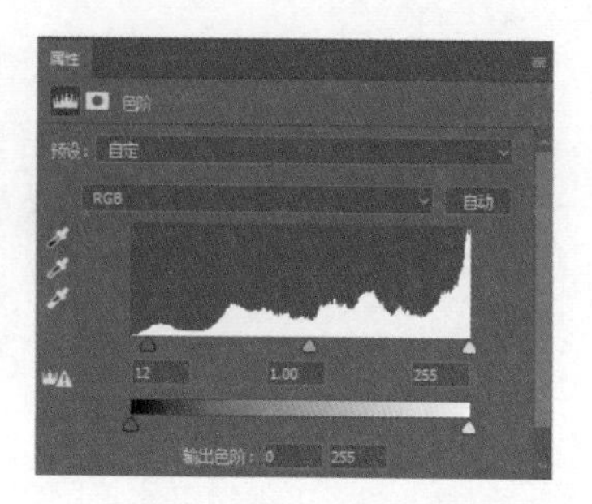

图 1-1-2　调整色阶

3. 添加滤镜效果

对“图层 1”添加滤镜效果，选择“滤镜”→“模糊”→“特殊模糊”命令，打开“特殊模糊”对话框，参数设置如图 1–1–4 所示。单击“确定”按钮，效果如图 1–1–5 所示。

图 1–1–3　调整后的图片效果

图 1–1–4　“特殊模糊”对话框

4. 添加艺术化效果

新建图层，调整前景色为“灰色 #616161”，如图 1–1–6 所示，使用“油漆桶工具”进行灰色填充，“图层”面板如图 1–1–7 所示。

图 1–1–5　添加“特殊模糊”滤镜后的效果

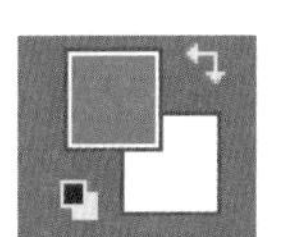

图 1–1–6　设置前景色为灰色

选择“历史记录艺术画笔工具”，设置其画笔大小为“12 像素”、硬度为 0，对“图层 2”进行涂抹，如图 1–1–8 所示。设置图层不透明度为 70%，效果如图 1–1–9 所示。

图 1-1-7 “图层”面板

图 1-1-8 涂抹图层

5. 添加“花边”边框

选择“文件”→“打开”命令，导入素材文件“花边.jpg”，选择“魔棒工具”，取消勾选“连续”复选框，单击白色区域，如图 1-1-10 所示选中所有的白色区域，再选择“选择”→“反选”命令，则可以选择“花边”。对此“花边”选择菜单栏中的“编辑”→“拷贝”命令，再选择“编辑”→“粘贴”命令，粘贴“花边”选区，按【Ctrl+T】组合键对“花边”进行缩放，如图 1-1-11 所示。

图 1-1-9 不透明度为 70% 的效果

图 1-1-10 选择花边区域

单击“图层”面板中的“创建新的填充或调整图层”按钮，选择“色相 / 饱和度”命令，则“色相 / 饱和度”效果只应用于“花边”图层。设置“色相 / 饱和度”，参数如图 1-1-12 所示，艺术化人物最终效果见图 1-1-1 所示。

图 1-1-11 置入“花边”选区

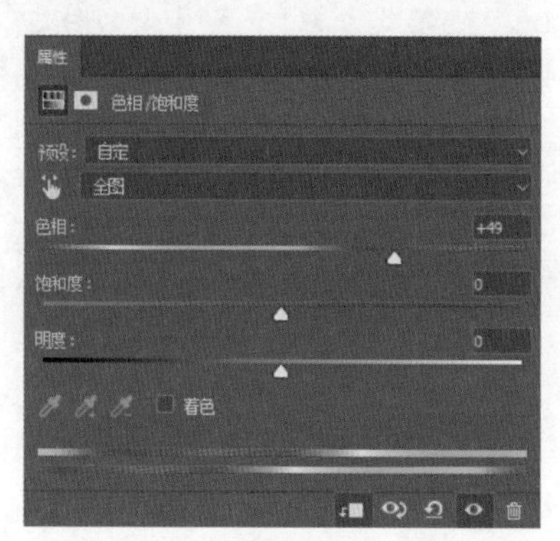

图 1-1-12 调整色相 / 饱和度

任务二　修复旧照片

任务描述

本任务是翻新旧照片，原有的老照片如图 1–2–1 所示，经过 Photoshop 的仿制图章工具、修复画笔工具以及滤镜工具应用后得到如图 1–2–2 所示的翻新照片。

图 1–2–1　原图

图 1–2–2　效果图

修复旧照片视频

重点和难点

重点：仿制图章工具、修复画笔工具以及滤镜工具的使用。

难点：根据不同的图像特点选择适合的修饰工具。

方法与步骤

1. 打开图片

选择“文件”→“打开”命令，导入素材文件“旧照片 .jpg”，按【Ctrl+J】组合键复制图层，得到“图层 1”。

2. 勾选人物

使用“钢笔工具”勾勒出人物轮廓，再使用“直接选择工具”和“转换点工具”处理细节，如图 1–2–3 所示。双击“路径”面板中的“工作路径”保存为“人物”路径。单击“路径”面板中的“将路径作为选区载入”按钮，选择“编辑”→“剪切”命令，新建图层，按【Ctrl+Shift+V】组合键复制该图层，得到“图层 2”的效果，如图 1–2–4 所示。则图层 1 中的“人物”被删除，效果如图 1–2–5 所示。

图 1-2-3　勾选“人物”选区

图 1-2-4　复制“人物”选区

图 1-2-5　删除“人物”效果

3. 修补背景

对“图层 1”使用“修补工具”进行“背景”修补，按住鼠标左键选中需要修补的选区，再拖动到完整的区域，则原本破旧的地方即可被修补好，如图 1-2-6 所示。切忌大块处理图片，要放大图片进行小块处理。按住【Alt】键的同时，鼠标滚轮向上，放大图片，多次使用“修补工具”进行背景修补，效果如图 1-2-7 所示。

设置“仿制图章工具”中笔刷为“90 像素”，不透明度为“25%”，对“图层 1”进行仿制。按住【Alt】键的同时，选择仿制源，单击进一步修复图层。需要不断变换仿制源，修饰图片，效果如图 1-2-8 所示。

图 1-2-6　使用修补工具

图 1-2-7　背景修补效果

图 1-2-8　使用仿制图章修补

复制“图层 1”，得到“图层 1 拷贝”图层，选择“滤镜”→“像素化”→“点状化”命令，单元格大小设置为“3”，效果如图 1-2-9 所示。对“图层 1 拷贝”图层选择“图像”→“调整”→“黑白”命令，在弹出的窗口中单击“确定”按钮，效果如图 1-2-10 所示。设置此图层不透明度为 17%，效果如图 1-2-11 所示。

图 1-2-9 点状化滤镜效果

图 1-2-10 设置“黑白”后的效果

图 1-2-11 设置不透明度后的效果

4. 修补人物

按【Ctrl+J】组合键，复制“图层 2”，得到“图层 2 拷贝”图层。使用“修补工具”、“仿制图章工具”进行人脸修补，操作方法与修补“背景”操作方法一致，效果如图 1-2-12 所示。

选中“图层 2 拷贝”图层，按住【Ctrl】键的同时单击“图层缩略图”，得到“人物”选区，再使用“修补工具”、“仿制图章工具”对衣服进行修补。需要调整“仿制图章工具”的“大小”和“不透明度”。修补帽子如图 1-2-13 所示；修补衣服如图 1-2-14 所示。

图 1-2-12 人脸修补效果

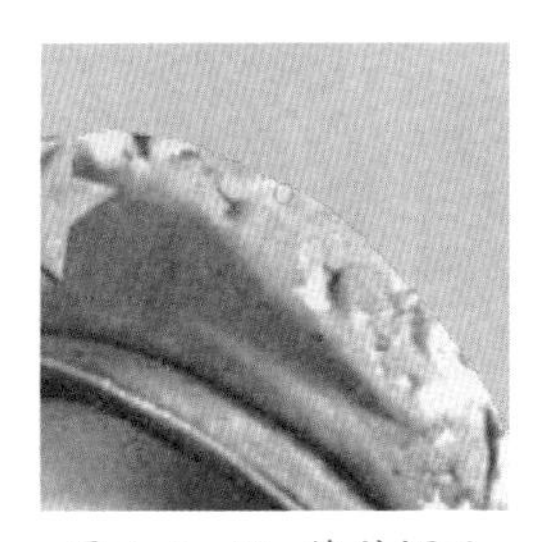
图 1-2-13 修补帽子

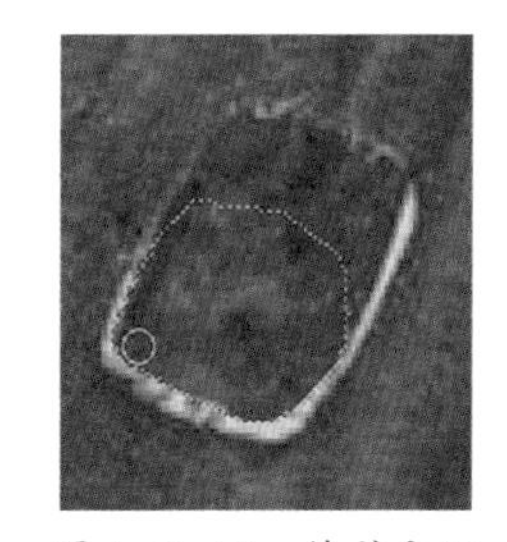
图 1-2-14 修补衣服

对此图层进行复制，选择“滤镜”→“模糊”→“动感模糊”命令，角度为 3、距离为 4，设置图层不透明度为 31%，效果如图 1-2-15 所示。

再次复制该图层，选择“滤镜”→“模糊”→“高斯模糊”命令，设置半径为 0.8，设置图层不透明度为 24%，效果如图 1-2-16 所示。

5. 添加“人物”投影

新建图层，设置前景色为黑色，使用“画笔工具” 调整画笔硬度为 0，在图层上进行涂抹，如图 1–2–17 所示，调整图层不透明度为 21%，最终效果见图 1–2–1。

图 1–2–15　动感模糊后的效果

图 1–2–16　高斯模糊后的效果

图 1–2–17　画笔涂抹阴影

任务三　年轻化人像

任务描述

本任务是对人物照片年轻化处理。通过本任务的学习，掌握滤镜工具、液化工具、曲线工具、混合模式和钢笔工具的使用，使得人物年轻化，原图如图 1–3–1 所示，效果如图 1–3–2 所示。

重点和难点

重点：滤镜工具、液化工具、曲线工具、混合模式和钢笔工具的使用。

难点：掌握不同滤镜的使用方法。

图 1–3–1　原图

图 1–3–2　效果图

方法与步骤

1. 打开图片

选择“文件”→“打开”命令，导入素材文件“人像.jpg”，按【Ctrl+J】组合键复制图层。

2. 去除皱纹

按住【Alt】键的同时，鼠标滚轮向上对图片进行放大，按住空格键的同时，鼠标移动到脸部中心位置，对脸部皱纹进行处理。使用“修补工具”选中皱纹区域，并移动该选区找到没有皱纹的皮肤（见图1–3–3），替换有皱纹的皮肤，多次使用该工具，将大面积的皱纹去除。使用“污点修复画笔工具”对细纹进行修复，直接涂抹即可消除细纹，最后将脸部、颈部所有的皱纹去除，效果如图1–3–4所示。

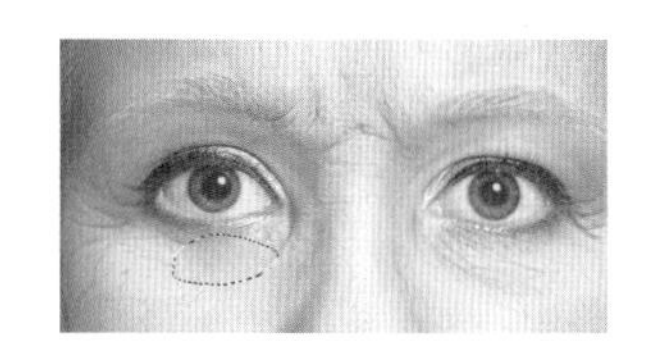
图1–3–3 使用修补工具

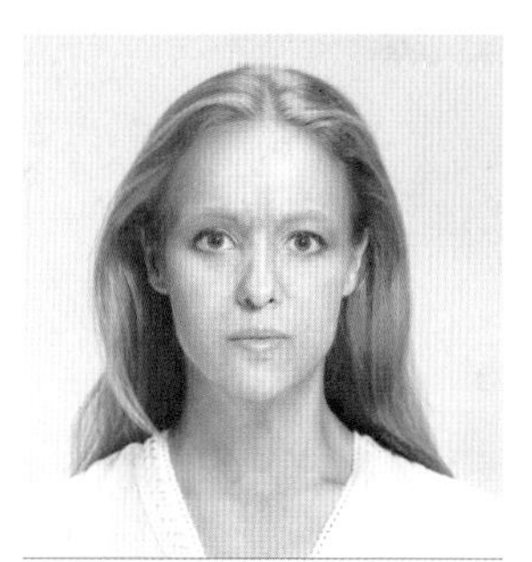
图1–3–4 去除皱纹效果

选中此图层，按【Ctrl+J】组合键复制两个图层，分别命名为“模糊”和“锐化”，如图1–3–5所示。单击“锐化”图层面板中的按钮，将图层隐藏。在“模糊”图层中，选择“滤镜”→“模糊”→“高斯模糊”命令，设置半径为“30像素”，将皮肤变得光滑，如图1–3–6所示。

单击“图层”面板中的“添加矢量蒙版”按钮，添加图层蒙版，在此蒙版上设置前景色为“黑色”，使用“画笔工具”在蒙版上进行涂抹，使得“眼睛”“嘴巴”“头发”“衣服”等都显示出来，变得清晰，蒙版图层涂抹效果如图1–3–7所示。最后，设置“模糊”图层的透明度为30%，效果如图1–3–8所示。

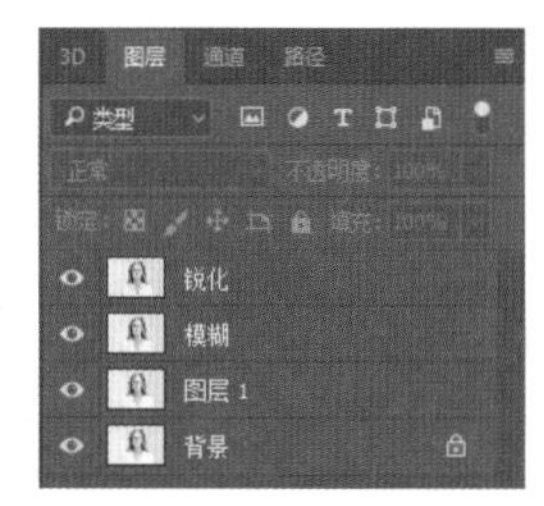

图1–3–5 定义图层名称

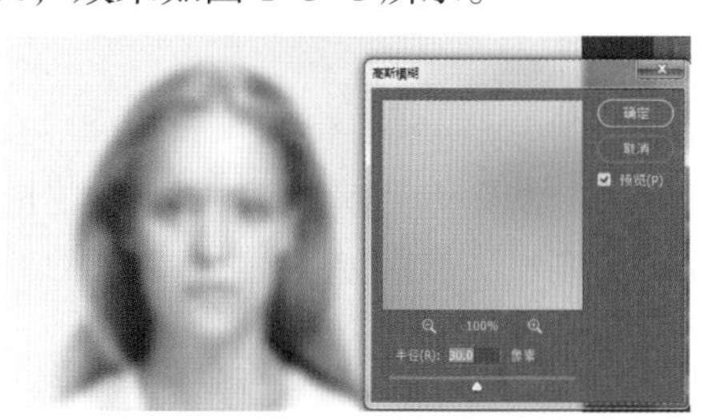
图1–3–6 设置“高斯模糊”

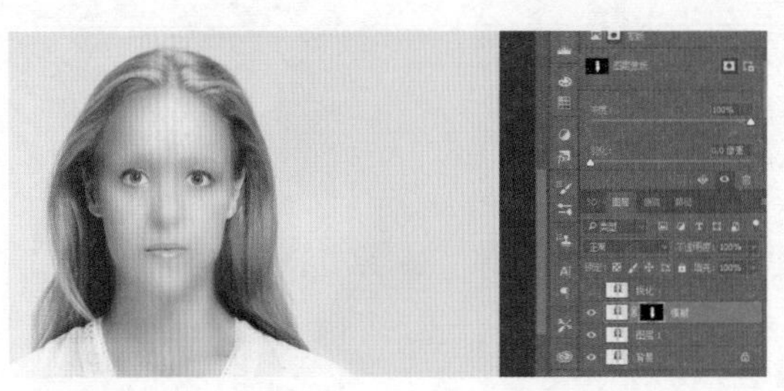

图 1-3-7　蒙版图层涂抹效果

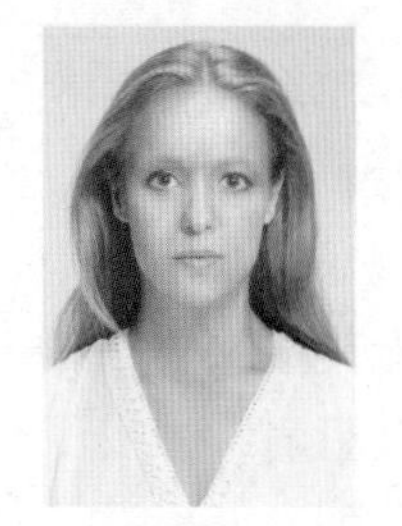

图 1-3-8　“模糊”图层效果

显示“锐化”图层，选择“滤镜”→“其他”→“高反差保留”命令，设置半径为“2 像素”（见图 1-3-9），将人物皮肤的纹理显露出来。调整“锐化”图层的模式为“线性光”、透明度设置为“70%”，如图 1-3-10 所示。设置“锐化”图层的效果如图 1-3-11 所示。

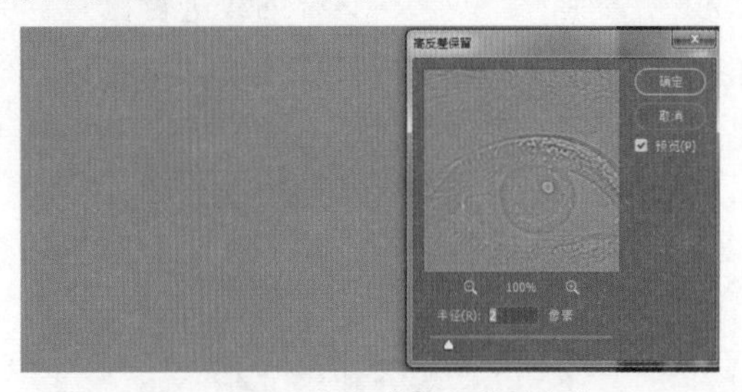

图 1-3-9　设置“高反差保留”

图 1-3-10　设置混合模式

单击“图层”面板中的“创建新的填充或调整图层”按钮，添加“曲线”效果，调整曲线弯曲度，如图 1-3-12 所示。调整好的效果如图 1-3-13 所示。

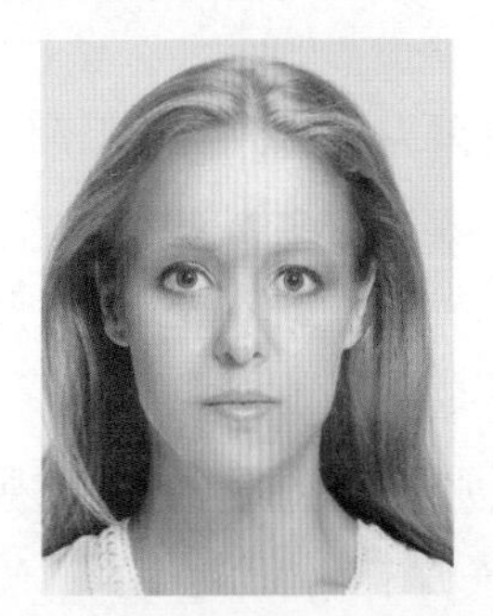

图 1-3-11　“锐化”图层效果

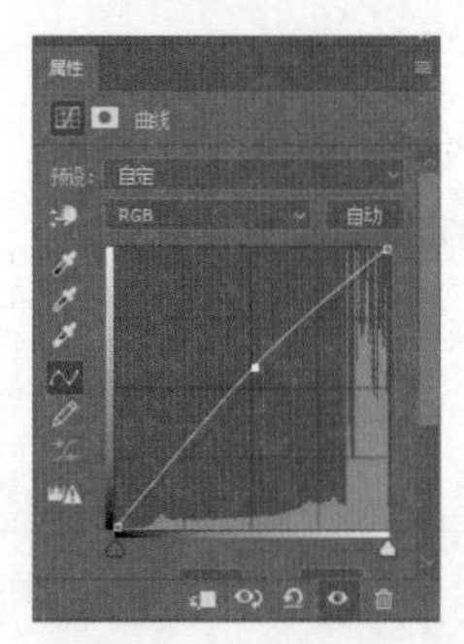

图 1-3-12　调整曲线

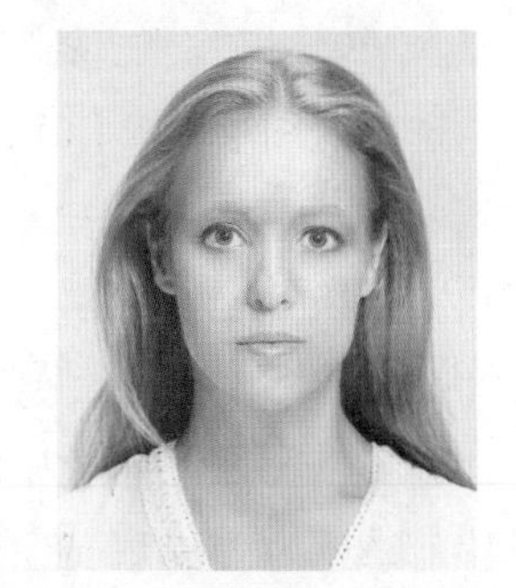

图 1-3-13　调整曲线后的效果

3. 调整五官

按【Ctrl+Shift+Alt+E】组合键盖印图层，选择“滤镜”→“液化”命令，调整面板周围的点，如图 1-3-14 所示。调整人物的“眼睛”和“嘴唇”的形状，然后再对其余部位稍做调整，最终效果如图 1-3-15 所示。

图 1-3-14　液化工具

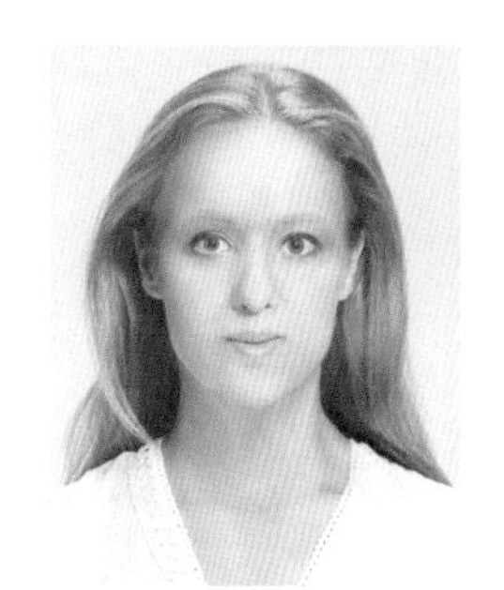

图 1-3-15　瘦脸效果

提示：“液化”工具可以进行人脸调整，可以用于人像瘦脸、五官调整等。在“液化”工具中可以细微调整人像的五官。

4. 人像美容

（1）头发。新建图层，调整前景色为 #32342d，使用“画笔工具”对“头发”部位进行上色，如图 1-3-16 所示。调整图层的混合模式为“叠加”，“头发”上色效果如图 1-3-17 所示。

图 1-3-16　“头发”上色前

图 1-3-17　“头发”图层设置“叠加”混合模式

（2）高光与阴影。选择“图层”→“新建”→“图层…”命令，设置模式为“柔光”，选中“填充柔光中性色（50% 灰）”复选框，如图 1-3-18 所示。

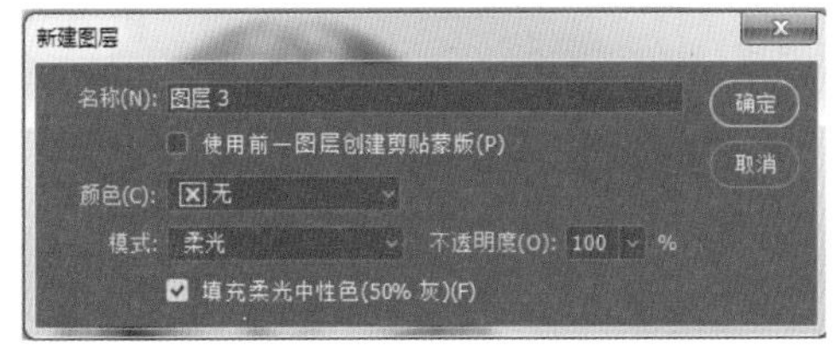

图 1-3-18　设置“柔光”模式

设置前景色为“白色”，设置“画笔工具”不透明度为“50%”，对“图层 3”绘制高光区域。设置前景色为“黑色”，设置“画笔工具”不透明度为“50%”，对“图层 3”绘制阴影区域。调整完成后，设置图层的透明度为“50%”，效果如图 1-3-19 所示。

提示：高光区域主要有额头、脸颊、锁骨和下巴等，阴影区域主要有发根处、脸部轮廓、鼻翼两侧和脖子的阴影处等。绘制“高光”区域和“阴影”区域，是为了让脸部轮廓鲜明立体。

（3）眉毛。使用“画笔工具” 设置前景色为 #3d2919，画笔大小为“2 像素”，在新建图层中绘制“眉毛”，效果如图 1–3–20 所示。将此图层进行复制，选择“编辑”→“变换”→“水平翻转”命令，并按【Ctrl+T】组合键调整另一只“眉毛”的形状，“眉毛”的整体效果如图 1–3–21 所示。

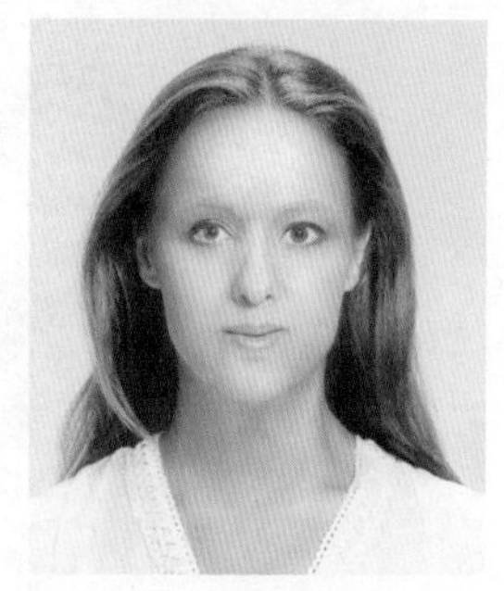

图 1–3–19 绘制“高光”与“阴影”

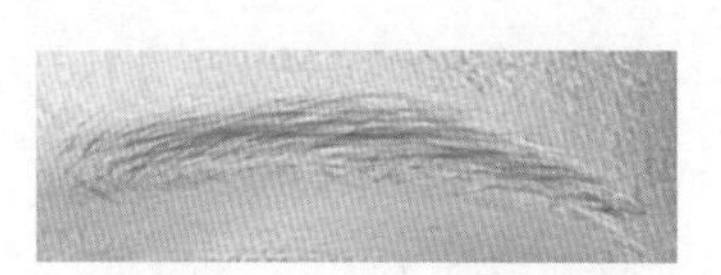

图 1–3–20 一只“眉毛”效果

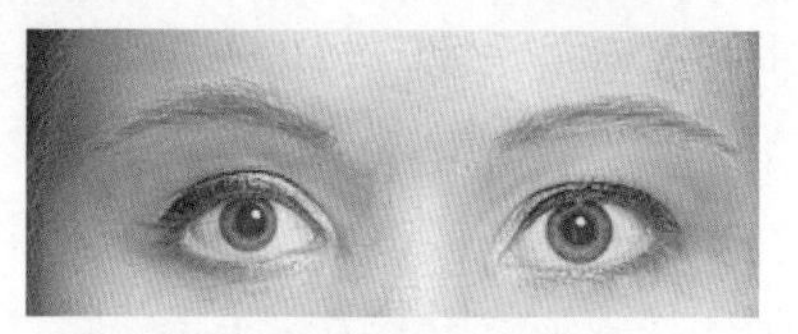

图 1–3–21 “眉毛”整体效果

新建图层，设置前景色为 #4c3e30，使用“画笔工具” ，设置画笔大小为“30 像素”，不断调整画笔的大小进行绘制，效果如图 1–3–22 所示。调整图层的混合模式为“叠加”，“眉毛”就如同“头发”一样上色了。将此图层复制一层，进行水平翻转，得到的效果如图 1–3–23 所示。

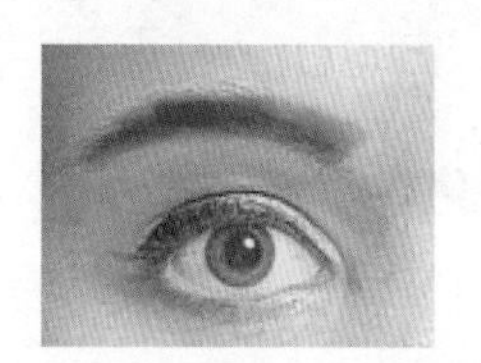

图 1–3–22 画笔绘制“眉毛”

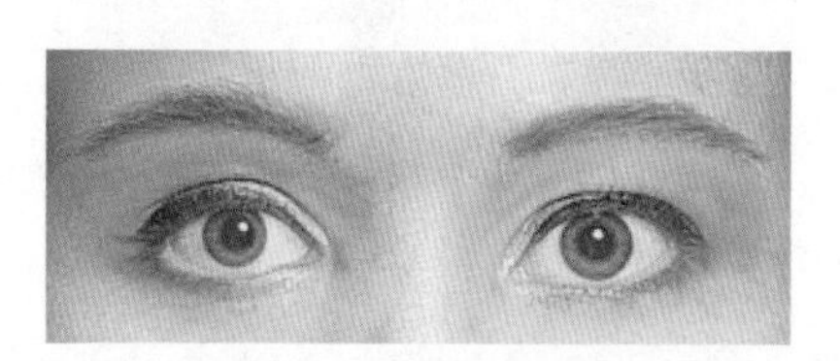

图 1–3–23 “眉毛”图层设置“叠加”混合模式

（4）眼睛。新建图层，设置前景色为 #ad9174，使用“画笔工具” ，设置画笔大小为“70 像素”，不断调整画笔的大小绘制“眼影”，效果如图 1–3–24 所示。调整图层的混合模式为“叠加”，“眼影”就如同“头发”一样上色了。将此图层复制一层，进行水平翻转，得到的效果如图 1–3–25 所示。

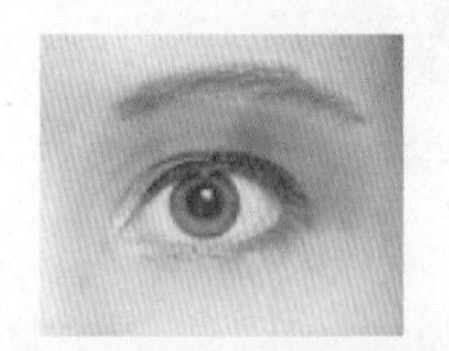

图 1–3–24 绘制“眼影”

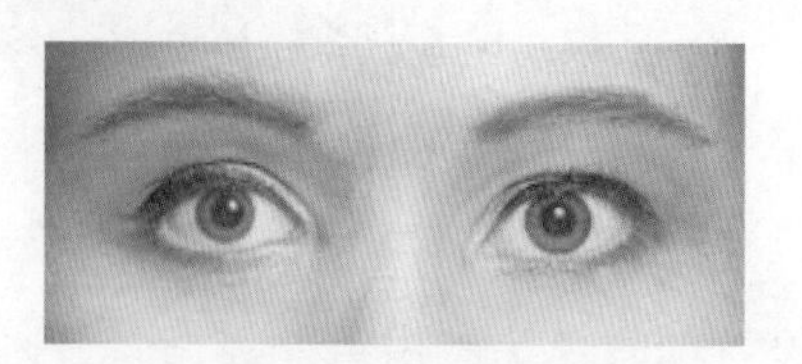

图 1–3–25 设置图层的混合模式

新建图层，使用“钢笔工具” 绘制一条曲线，如图 1–3–26 所示。在“路径”面板中双击“工作路径”，保存为“路径 1”。保持选择“路径 1”路径，并回到“图层”面板，单击“画笔工具” ，设置画笔大小为“5 像素”，设置前景色为 #131111。

回到“路径”面板，单击“用画笔描边路径”按钮后，取消选择“路径 1”，效果如图 1–3–27 所示。

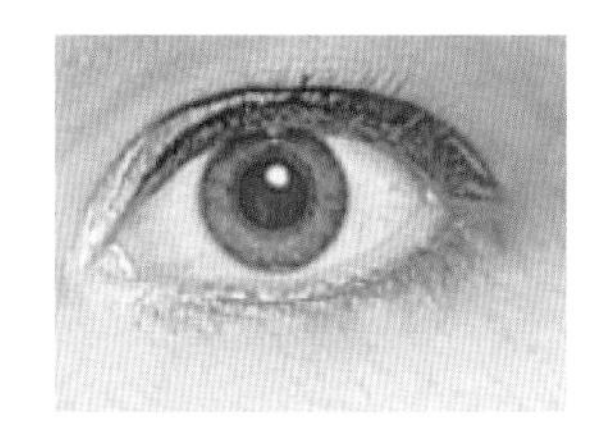

图 1–3–26　绘制“下眼线”

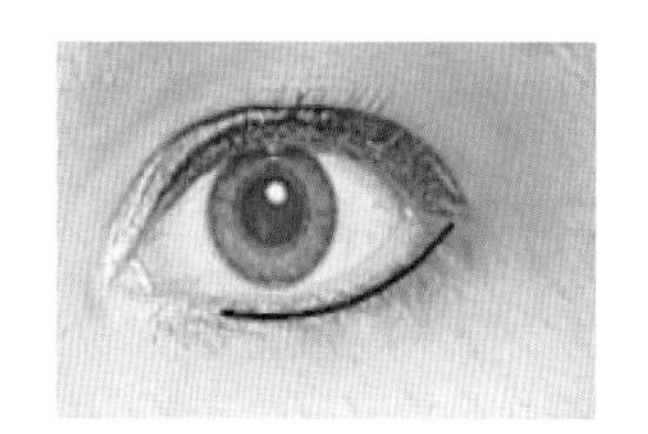

图 1–3–27　画笔描边路径

对此图层，选择“滤镜”→“模糊”→“高斯模糊”命令，设置半径为“9 像素”，如图 1–3–28 所示。

将此图层复制一层，进行水平翻转，得到的效果如图 1–3–29 所示。

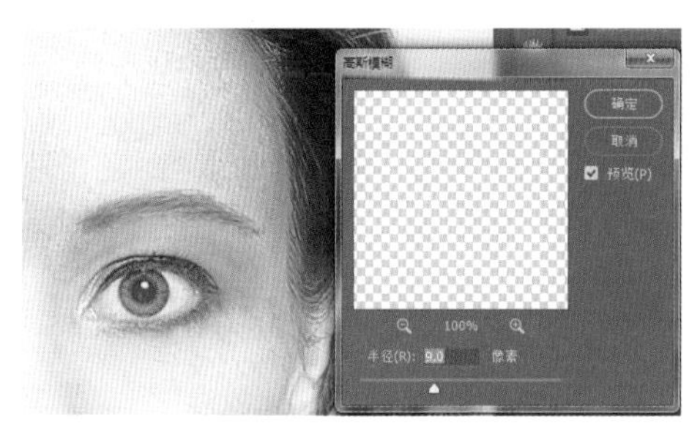

图 1–3–28　设置高斯模糊

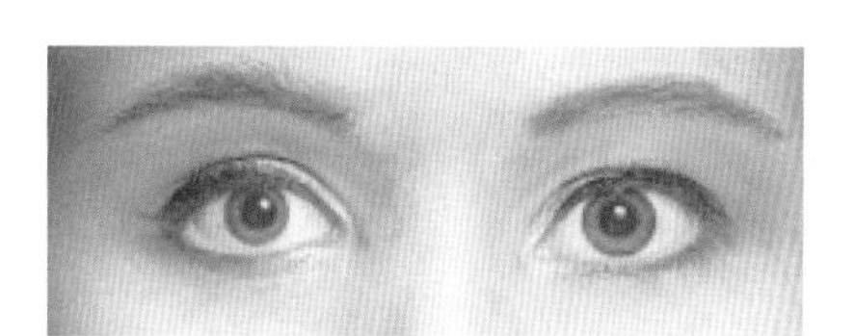

图 1–3–29　两只眼睛的效果

（5）嘴唇。新建图层，设置前景色为 #f45c6d，使用“画笔工具”，设置画笔大小为“100 像素”，不断调整画笔的大小绘制“唇彩”。调整图层的混合模式为“正片叠底”，不透明度为 67%（见图 1–3–30），“唇彩”就如同“头发”一样上色了，效果如图 1–3–31 所示。

（6）腮红。新建图层，设置前景色为 #ff6bb4，使用“画笔工具”，设置画笔大小为“511 像素”，在脸颊处绘制“腮红”，如图 1–3–32 所示。设置图层的不透明度为 35%，最终效果见图 1–3–2。

图 1–3–30　调整图层的混合模式

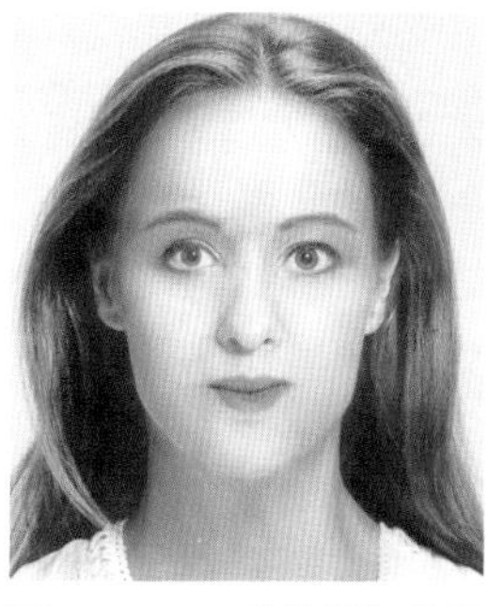

图 1–3–31　“嘴唇”效果

图 1–3–32　绘制“腮红”

任务四　水墨画照片

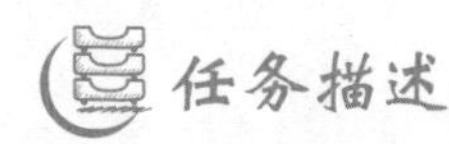

本任务是将风景照处理为水墨画效果。通过本任务的学习，掌握使用滤镜工具、设置混合模式和调整色相 / 饱和度的方法来设计水墨画风格的照片。最终效果图如图 1–4–1 所示。

图 1–4–1　水墨画效果图

水墨画照片视频

重点和难点

重点：滤镜的使用、混合模式的设置和调整图像色相 / 饱和度的方法。

难点：滤镜的灵活运用。

方法与步骤

1. 对图像添加滤镜

选择“文件”→“打开”命令，打开素材文件“水墨 .jpg”。按【Ctrl+J】组合键复制图层，选中“图层 1”图层，右击选择“转换为智能对象”命令。

对“图层 1”添加“图层样式” 中的“图案叠加”，设置为“水彩”、混合模式为“正片叠底”，如图 1–4–2 所示。

选择“滤镜”→“风格化”→“查找边缘”命令，效果如图 1–4–3 所示。单击“查找边缘”的滤镜混合选项 ，设置模式为“正片叠底”、不透明度为 70%，如图 1–4–4 所示。

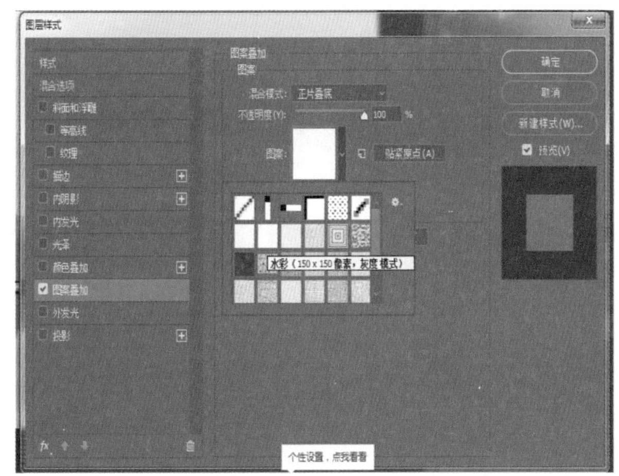

图 1-4-2　设置图层样式中的图案叠加

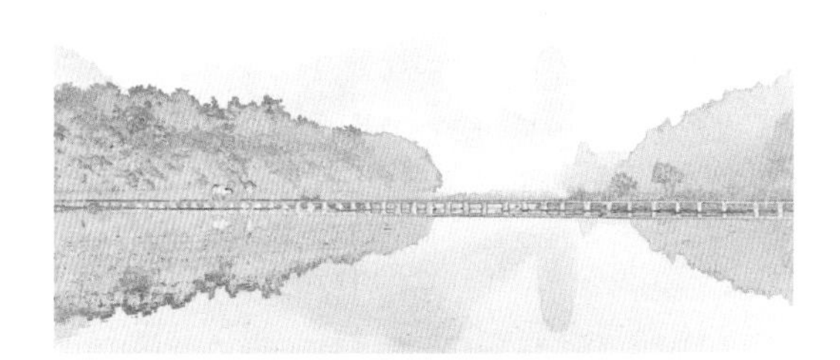

图 1-4-3　选择“查找边缘”后的效果

图 1-4-4　设置“查找边缘”的混合选项

选择“滤镜”→“滤镜库”→“画笔描边”→“喷溅”命令，设置喷色半径为 5、平滑度为 3，如图 1-4-5 所示。调整“滤镜库”的位置在“查找边缘”的下方，如图 1-4-6 所示。

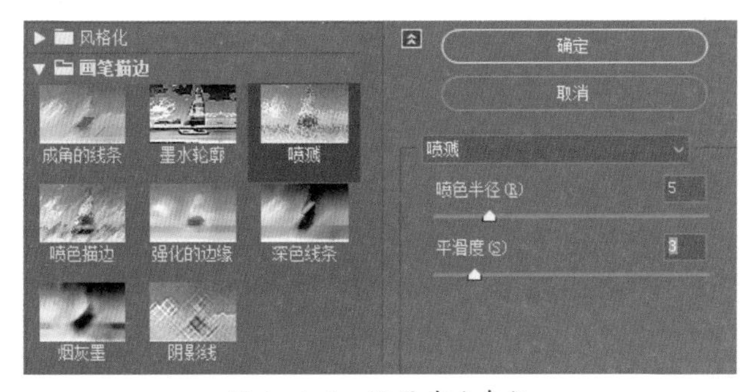

图 1-4-5　设置喷溅参数

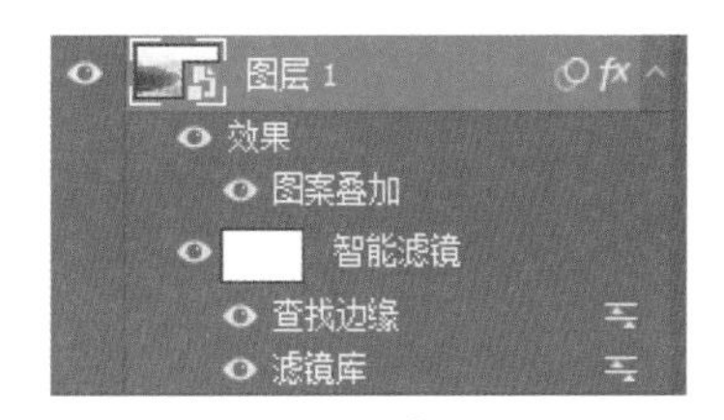

图 1-4-6　调整喷溅滤镜位置

选择“滤镜”→“模糊”→“特殊模糊”命令，设置半径为 1.3、阈值为 100，如图 1-4-7 所示。调整“特殊模糊”的位置在“滤镜库”的下方，如图 1-4-8 所示。

图 1-4-7　设置特殊模糊参数

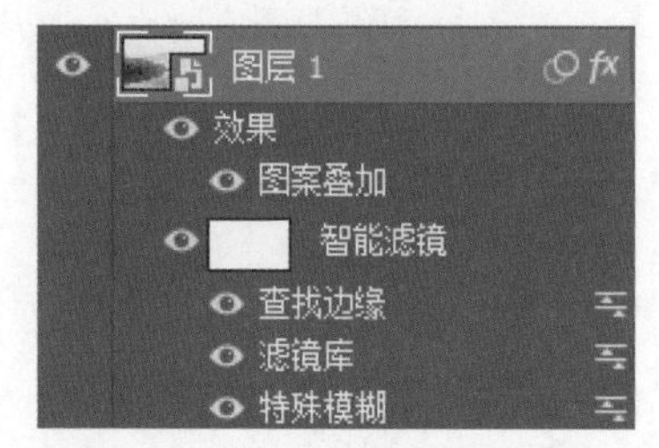

图 1-4-8　调整特殊模糊位置

重复选择“滤镜”→“模糊”→“特殊模糊”命令，设置半径为 13.3、阈值为 25.8，调整新“特殊模糊”的位置在之前的“特殊模糊”下方。

选择“滤镜”→“滤镜库”→“艺术画笔”→“干画笔”命令，设置画笔大小为 5、画笔细节为 4，参数设置如图 1-4-9 所示。调整“干画笔”的位置在最下方。单击“干画笔”的滤镜混合选项，设置不透明度为 60%，如图 1-4-10 所示。

重复选择“滤镜”→“滤镜库”→“艺术画笔”→“干画笔”命令，设置画笔大小为 7、画笔细节为 5。调整新“干画笔”的位置在最下方。单击“干画笔”的滤镜混合选项，设置模式为“正片叠底”、不透明度为 43%，如图 1-4-11 所示。

再重复选择“滤镜”→“滤镜库”→“艺术画笔”→“干画笔”命令，设置画笔大小为 10、画笔细节为 6。调整新“干画笔”的位置在最下方。

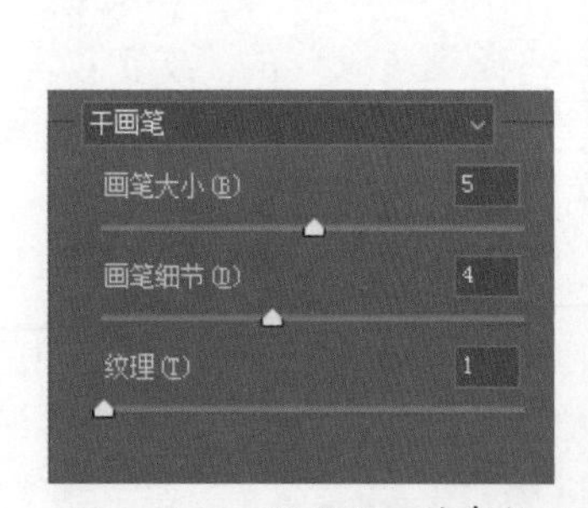

图 1-4-9　设置干画笔参数

图 1-4-10　设置第一次混合选项

图 1-4-11　设置第二次混合选项

2. 调整图像色相 / 饱和度

单击“图层”面板中的“创建新的填充或调整图层”按钮，添加“色相 / 饱和度”效果，预设为“自定”，设置绿色的饱和度为 –31、明度为 –50，如图 1-4-12 所示。设置青色的色相为 7、饱和度为 15，如图 1-4-13 所示。最终效果见图 1-4-1。

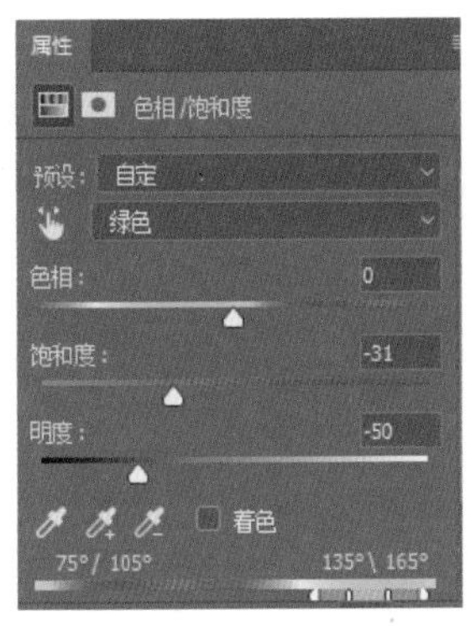

图 1-4-12　设置绿色参数

图 1-4-13　设置青色参数

知识与技能

1. 修复工具

（1）污点修复工具

“污点修复工具”一般常用来快速修复图片或照片，可以十分轻松地对图像中的瑕疵进行修复。该工具使用非常简单，只需将指针移动到需要修复的位置，按下鼠标左键进行拖动，即可对图像进行修复。通过选项栏可对该工具进行相应的属性设置，如图 1-5-1 所示。

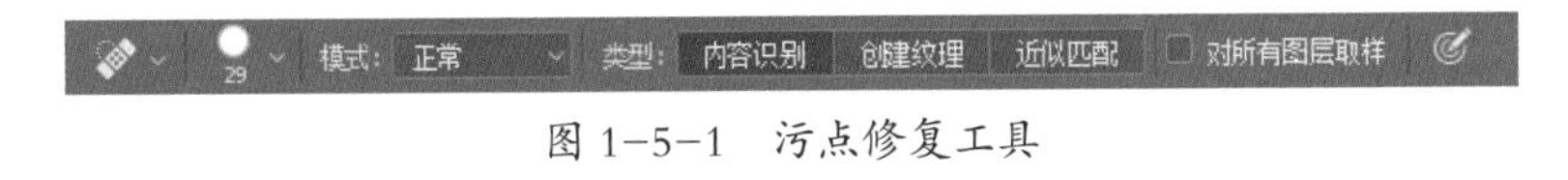

图 1-5-1　污点修复工具

◎ 模式：用来修复时的混合模式。当选择“替换”选项时，可以保留画笔描边的边缘处的杂色、颗粒和纹理。

◎ 内容识别：该选项为智能修复功能，使用其在图像中进行涂抹，对鼠标经过的位置，系统会自动使用画笔周围的像素为经过的位置进行填充修复。

◎ 创建纹理：选用“创建纹理”选项时，使用选区中的所有像素创建一个用于修复该区域的纹理。如果纹理不起作用，应尝试再次拖动该区域。

◎ 近似匹配：选中“近似匹配”选项时，如果没有为污点建立选区，则样本自动采用污点外部四周的像素。如果在污点周围绘制选区，则样本采用选区外围的像素。

（2）修复画笔工具

“修复画笔工具”一般常用来修复瑕疵图片，可以对被破坏的图片、有瑕疵的图片进行修复。使用该工具时，首先要进行取样，按住【Alt】键，在图像中单击，再使用鼠标涂抹被修复的像素。使用样本像素，可以把样本像素的纹理、光照、透明度和阴影与所修复的像素相融合。通过选项栏可对该工具进行相应的属性设置，如图 1-5-2 所示。

图 1-5-2 修复画笔工具

◎ 模式：用来设置修复时的混合模式。如果选用“正常”，则使用样本像素进行绘画的同时，把样本像素的纹理、光照、透明度和阴影与所修复的像素相融合。如果选用“替换”，则使用样本像素替换目标像素，且与目标位置没有任何融合。

◎ 取样：选中“取样”，必须按【Alt】键单击取样，并使用当前取样点修复目标。

◎ 图案：可以在“图案”列表中选择一种图案来修复目标。

◎ 对齐：当勾选该选项后，只能用一个固定位置的同一图像来修复。

◎ 样本：选择选取复制图像时的源目标点。包括当前图层、当前图层和下面的图层、所有图层 3 种。

当前图层：正处于工作中的图层。

当前图层和下面的图层：处于工作中的图层和其下面的图层。

所有图层：将多个图层文件看作单图层文件。

（3）修补工具

使用“修补工具”修复图像时，会将样本像素的纹理、光照和阴影，与原像素进行匹配。“修补工具”修复的效果与“修复画笔工具”类似，只是使用方法不同，该工具的使用方法是通过创建选区来修复目标或源。该工具一般常用来快速修复瑕疵较少的图片。通过选项栏可对该工具进行相应的属性设置，如图 1-5-3 所示。

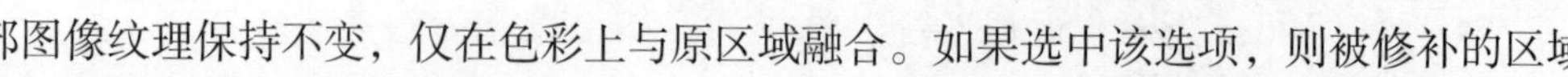

图 1-5-3 修补工具

◎ 源：指要修补的对象是现在选中的区域。

◎ 目标：与“源”相反，指要修补的是选区被移动后的区域，而不是移动前的区域。

◎ 透明：如果不选该选项，则被修复的区域与周围图像只在边缘上融合，而内部图像纹理保持不变，仅在色彩上与原区域融合。如果选中该选项，则被修补的区域除边缘融合外，还有内部的纹理融合，即被修补区域好像做了透明的处理。

◎ 使用图案：单击该按钮，被修补的区域将会以后面显示的图案来修补。

2. 仿制图章工具

“仿制图章工具”主要用来复制取样的图像。仿制图章工具使用方便，它能够按涂抹的范围复制全部或者部分到一个新的图像中。按住【Alt】键，单击进行取样，再进行涂抹，则图像被取样源覆盖。通过选项栏可对该工具进行相应的属性设置，如图 1–5–4 所示。

图 1–5–4　仿制图章工具选项栏

◎ 画笔：用于选择画笔。

◎ 模式：用于选择混合模式。

◎ 不透明度：用于设置不透明度。

◎ 流量：用于设置扩散的速度。

◎ 对齐：用于控制是否在复制时使用对齐功能。

3. 调整色彩

（1）亮度 / 对比度

打开素材图“风景”，选择“图像”→“调整”→“亮度 / 对比度”命令。在弹出的“亮度 / 对比度”对话框中调整亮度滑块，即可改变整个画面的亮度，原图如图 1–5–5 所示。

图 1–5–5　原图效果

对亮度、对比度分别进行调整，可以看到如图 1–5–6 所示的效果。

（a）亮度调整为 +50 的效果

（b）亮度调整为 −50 的效果

（c）对比度调整为 +100 的效果

（d）对比度调整为 −100 的效果

图 1–5–6　调整“亮度 / 对比度”的效果

（2）曲线

使用“曲线”命令调节曲线的方式，可以对图像的亮度、中间调和暗调进行适当调整，其最大的特点是可以对某一区域范围内的图像进行色调的调整，而不影响其他区域图像的色调。打开素材图“建筑”（见图 1–5–7），选择“图像”→“调整”→“曲线”命令，在打开的“曲线”对话框中调整曲线（见图 1–5–8），即可看到反差明显的建筑，如图 1–5–9 所示。

（3）色彩平衡

“色彩平衡”命令是根据颜色互补的原理，通过增加和减少互补色来达到平衡图像色彩或改变图像整体色调的效果。打开素材图（见图 1–5–10），选择“图像”→“调整”→“色彩平衡”命令。

图 1–5–7 建筑原图

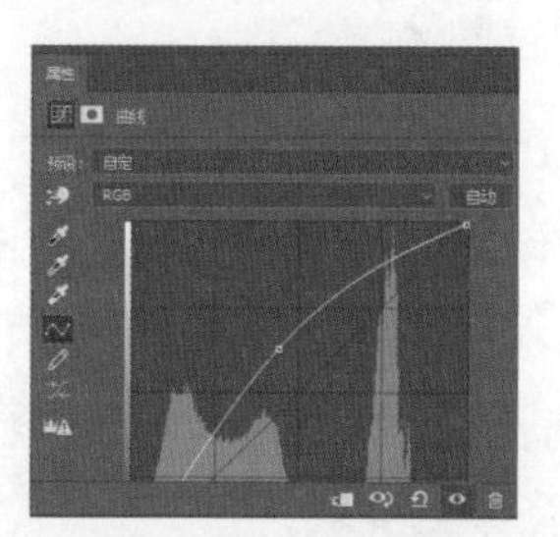

图 1–5–8 调整曲线

图 1–5–9 调整“曲线”后的效果

图 1–5–10 素材图

对 3 个色标进行调整，则可以改变图像的色调，如图 1–5–11 所示。

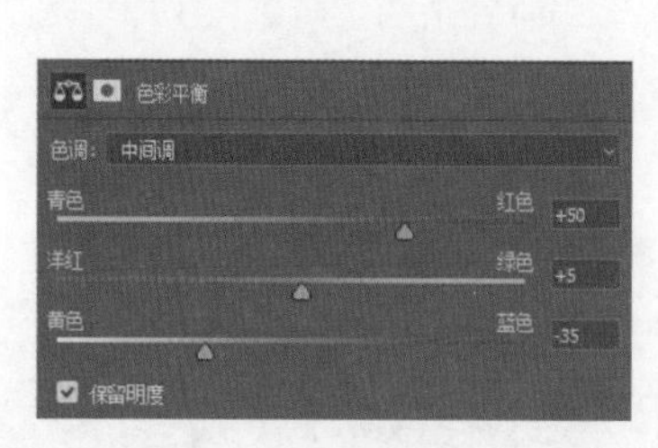

（a）暖色调图片

图 1–5–11 调整“色彩平衡”的效果

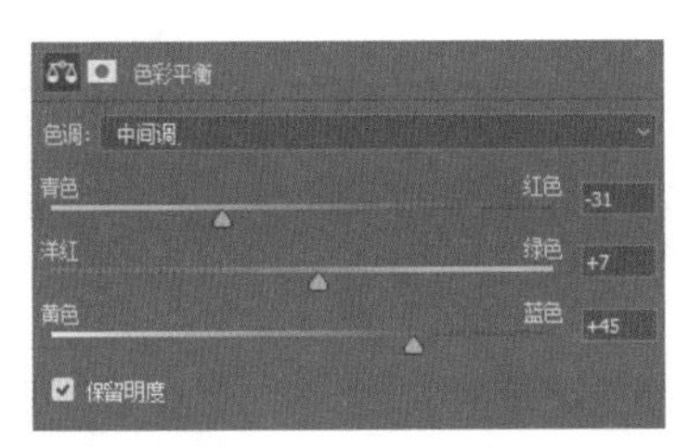

（b）冷色调图片

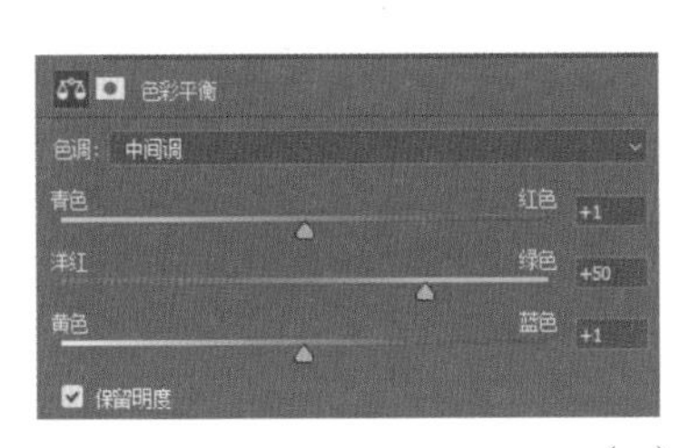

（c）绿色调图片

图 1-5-11　调整“色彩平衡”的效果（续）

（4）色相

“色相”调整方式主要用来改变图像的色相，如将红色变为蓝色，绿色变为紫色等。打开如图 1-5-12 所示的素材图，选择“图像”→“调整”→“色相”命令，打开“色相”对话框，拖动“色相”的滑块，则可改变整个画面的色相。对话框下方有两条色谱，上方的色谱是固定的，下方的色谱会随着色相滑块的移动而改变，如图 1-5-13 所示。

图 1-5-12　素材图

图 1-5-13　调整“色相”后的效果

（5）饱和度

“饱和度”可以控制图像色彩的浓淡程度，选择“图像”→“调整”→“饱和度”命令，打开“饱和度”对话框，拖动“饱和度”的滑块，即可改变画面的饱和度。当改变饱和度时，面板下方的色谱也会随之改变，当饱和度调至最低时，图像即变为灰色图像，对灰色图像而言改变色相是没有任何作用的，如图 1-5-14 所示。

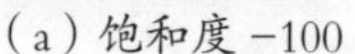
（a）饱和度 -100　（b）饱和度 -50　（c）饱和度 50　（d）饱和度 100

图 1-5-14　调整“饱和度”的效果

4. 常用图像知识

（1）位图

位图图像又称点阵图像，它是由许多单独的小方块组成的，这些小方块又称像素点。每个像素点都有特定的位置和颜色值，位图图像的显示效果与像素点是紧密联系在一起的，不同排列和着色的像素点组合在一起构成了一幅色彩丰富的图像。像素点越多，图像的分辨率也就越高，相应地，图像的数据量也会随之增大。一幅位图使用放大工具将图像放大，可以清晰地看到像素的小方块形状与不同的颜色。

（2）矢量图

矢量图又称向量图，是一种基于图形的几何特性来描述的图像。矢量图中的各种图形元素称为对象，每一个对象都是独立的个体，都具有大小、颜色、形状和轮廓等属性。矢量图与分辨率无关，可以将它设置为任意大小，其清晰度不变，也不会出现锯齿状的边缘。矢量图所占的内存空间较小，但这种图形的缺点是不易制作色调丰富的图像，而且绘制出来的图形无法像位图那样精准地描绘各种绚丽的景象。

（3）分辨率

分辨率是用于描述图像文件信息的术语。分辨率分为图像分辨率、屏幕分辨率和输出分辨率。

◎ 图像分辨率：在 Photoshop CC 2018 中，图像中每单位长度的像素数目，称为图像的分辨率，其单位为像素 / 英寸或者像素 / 厘米。如果一幅图像所包含的像素是固定的，增加图像尺寸后，会降低图像的分辨率。

◎ 屏幕分辨率：屏幕分辨率是显示器上每单位长度显示的像素数目，取决于显示器大小及其像素设置。在 Photoshop CC 2018 中图像像素被直接转换成显示器像素，当图像分辨率高于显示器分辨率时，屏幕中显示的图像比实际尺寸大。

◎ 输出分辨率：输出分辨率是照相机或打印机等输出设备产生的每英寸的

油墨点数（dpi），打印机的分辨率在 720 dpi 以上的，可以使图像获得比较好的效果。

（4）色彩模式

Photoshop CC 2018 提供了多种色彩模式，这些色彩模式是作品能呈现在屏幕或印刷品上的重要保障。图像的色彩模式，经常使用到的有 CMYK 模式、RGB 模式及灰度模式。另外还有索引模式、Lab 模式、HSB 模式、位图模式、双色调模式、多通道模式等。接下来介绍几种常用的色彩模式。

◎ CMYK 模式：CMYK 代表了印刷上用的 4 种颜色，C 代表青色、M 代表洋红色、Y 代表黄色，K 代表黑色。它是图片、插画和其他 Photoshop 作品中最常用的一种印刷方式。

◎ RGB 模式：一种加色模式，是通过对红（R）、绿（G）、蓝（B）3 个颜色通道的变化以及它们相互之间的叠加来得到各式各样的颜色的。RGB 模式是 Photoshop 的最佳模式，这个标准几乎包括了人类视力所能感知的所有颜色，是目前运用最广泛的颜色系统之一。

◎ 灰度模式：用单一色调表现图像，每个像素的颜色用 8 个二进制来表示，即表现 256 阶（色阶）的灰色调（含黑和白），也就是 256 种明度的灰色。Photoshop 中可以将一个灰度文件转换为彩色模式文件，但不可能将原来的色彩完全还原。一个灰度模式的图像只有明暗值，没有色相和饱和度这两种颜色信息。K 值用于衡量黑色油墨的用量。

（5）常用的文件格式

◎ PSD 格式：PSD 格式和 PDD 格式是 Photoshop CC 2018 自身的专用文件格式，能够支持从线图到 CMYK 的所有图像类型，能够保存图像数据的细小部分。当作品没有完成时，可以保存此格式，以便后续可以多次修改。但是在其他图像处理软件中通用性不强。

◎ TIF 格式：TIF 格式是标签图像格式，是一种灵活的位图格式，主要用来存储包括照片和艺术图在内的图像。TIF 格式的结构要比其他格式更复杂，支持 24 个通道，能存储多于 4 个通道的文件格式，非常适合用于印刷和输出。

◎ BMP 格式：BMP（全称 Bitmap）是 Windows 操作系统中的标准图像文件格式。它采用位映射存储格式，除了图像深度可选以外，不采用其他任何压缩，因此，BMP 文件所占用的空间很大。BMP 文件的图像深度可选 1 bit、4 bit、8 bit 及 24 bit。BMP 文件格式是 Windows 环境中交换与图有关的数据的一种标准，因此在 Windows 环境中运行的图形图像软件都支持 BMP 图像格式。

◎ GIF 格式：GIF（Graphics Interchange Format，图像互换格式）格式体积小而成像相对清晰，特别适合于互联网的传输。

◎ JPEG 格式：JPEG（Joint Photographic Experts Group）格式是目前网络上最流行的图像格式，是可以把文件压缩到最小的格式，在 Photoshop 软件中以 JPEG 格式存储时，提供 11 级压缩级别，以 0 ~ 10 级表示。其中 0 级压缩比最高，图像品质最差。

◎ EPS 格式：EPS（Encapsulated Post Script）格式是 Illustrator CS5 和 Photoshop CS5 之间可交换的文件格式。

可以根据工作任务的需要选择合适的图像文件存储格式。

◎ 用于印刷：TIF、EPS。

◎ 出版物：PDF。

◎ Internet 图像：GIF、JPEG、PNG。

◎ 用于 Photoshop CC 2018 工作：PSD、PDD、TIF。

5. 颜色基础知识

色彩同时具有 3 种基本属性：明度、色相、纯度（饱和度）。这三种属性是界定色彩感官识别的基础，灵活应用三种属性变化是色彩设计的基础。

（1）明度

根据物体表面反射光的程度不同，色彩的明暗程度就会不同，这种色彩的明暗程度称为明度。以光源色来说可以称为光度；对物体色来说，可以称为亮度、深浅度等。在无彩色类中，最高明度是白色，最低明度是黑色。

（2）色相

色相是有彩色的最大特征。所谓色相是指色彩的相貌，即能够比较确切地表示某种颜色色别的名称，如藤黄色、橘黄、柠檬黄等。色相是区别各种不同色彩的最准确的标准。事实上任何黑白灰以外的颜色都有色相的属性，而色相也就是由原色、间色和复色来构成的。

（3）纯度

色彩的纯度是指色彩的纯净程度，也常被称为饱和度。它是表示颜色中所含某一色彩的成分比例。可见光谱的各种单色光是最纯的颜色，当一种颜色掺入黑、白或其他彩色时，纯度就发生变化。纯度还能表现出色彩感觉的强弱，其中纯色的色感较强，也可称为色度强。

6. 配色

（1）类似色

类似的颜色是色环小于 30° 间的颜色，或黄绿色、黄色、橙黄色，如图 1-5-15 所示。

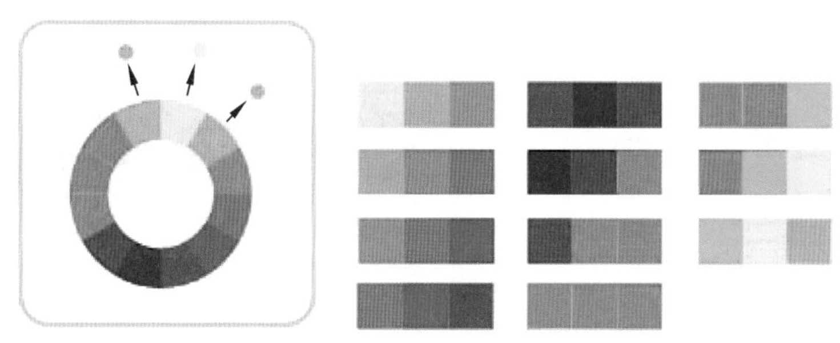

图 1-5-15　类似的颜色

—黄绿色；　—黄色；　—橙黄色

（2）互补色

互补色是色环相差 180° 的两种相反方向的颜色，如绿色和红色、蓝色和橙色、红色、紫色和黄色等，如图 1-5-16 所示。

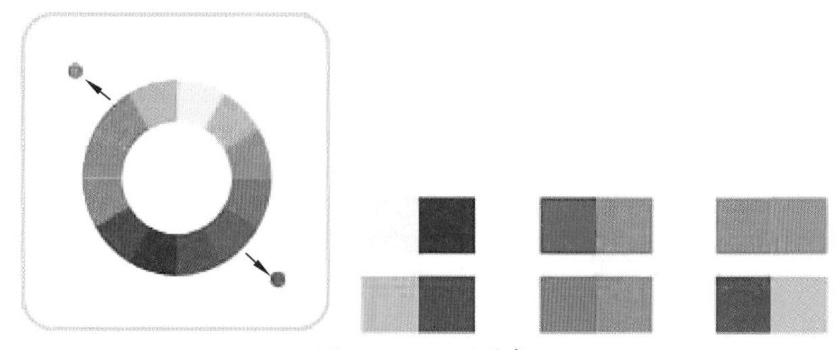

图 1-5-16　互补色

（3）双补色

彼此身边的两种颜色和两个对比色，称为“双补色”，如图 1-5-17 所示。

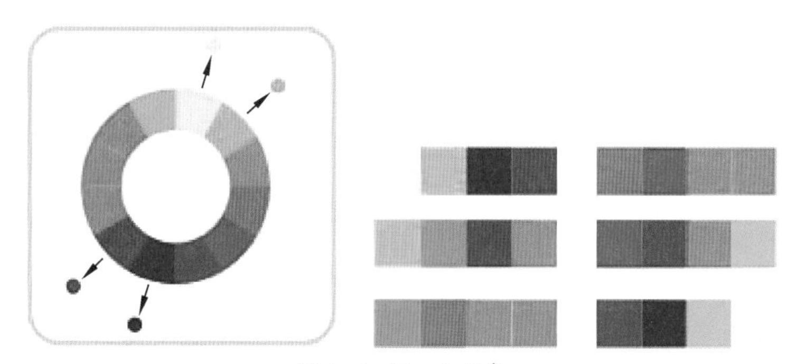

图 1-5-17　双补色

—黄；　—橙；　—紫色；　—蓝紫色

（4）分割 - 互补色

某种颜色和对比色的两种颜色在颜色布局上，称为“分割 - 互补色”。例如，黄色、紫红色、蓝紫色，如图 1-5-18 所示。

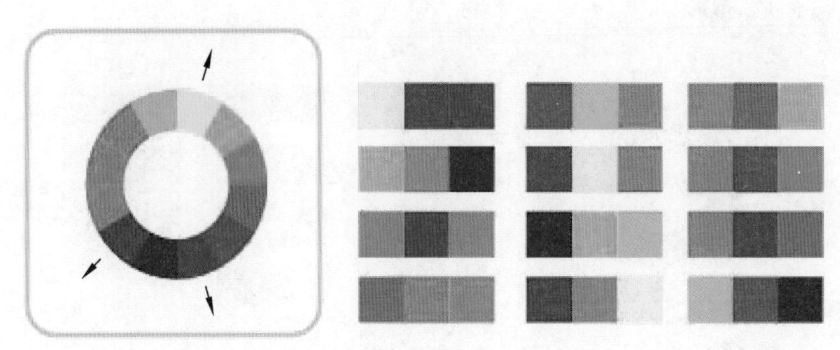

图 1-5-18　分割 - 互补色

（5）三元组色

假设在色轮中画出一个等边三角形，3 个角所指的颜色的组合称为三原组色。由于这种配色方案中的 3 种颜色彼此之间没有任何联系，因此要非常小心地使用。例如，橙色、绿色、深紫色，如图 1-5-19 所示。

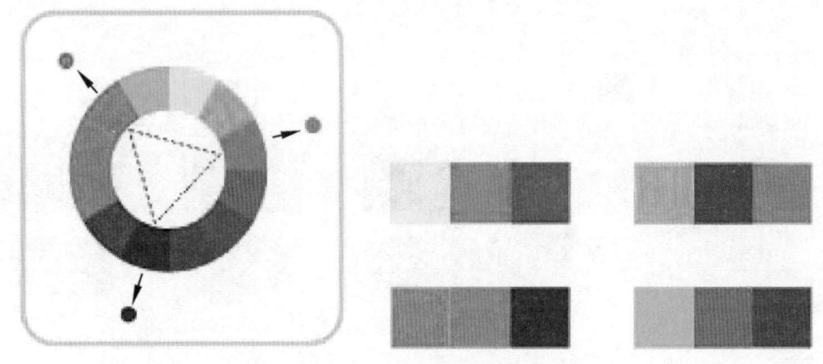

图 1-5-19　三元组色

（6）冷色调

色轮上的颜色从紫色到草绿色或该范围内的任何两个或两个以上的颜色组合，称为“冷色调”，如图 1-5-20 所示。例如，蓝色、绿色、紫色。

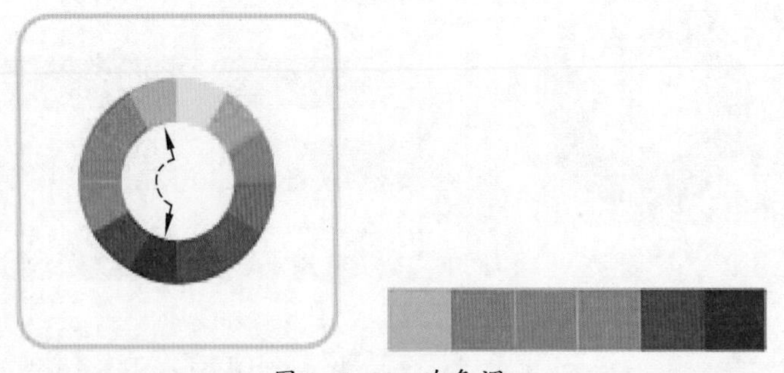

图 1-5-20　冷色调

（7）暖色调

色轮上的紫红到柠檬黄中间的两个或更多的颜色组合被称为“暖色调”，如图 1-5-21 所示。例如，黄色、橙色、红色。

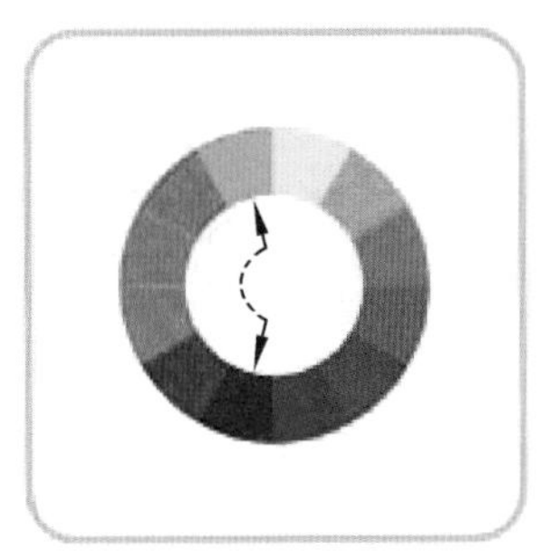

图 1-5-21　暖色调

7. 色彩的设计与应用

（1）色相对比

在色彩的设计中，最常用也是效果最明显的就是色相对比。色相对比并不需要设计者具有很高的色彩辨别能力和相关认知，就能体现出明显的效果。色相对比就是利用各色相的差别而形成的对比。色相对比的强弱，也就是冲突和协调决定于色相在色环上的距离。总体而言，若是突出主题的对比，会选择颜色跨度大，能够引起强烈冲突效果的色彩；而表现风格的，则可选择跨度较小的色彩。

（2）颜色明度和纯度对比

颜色质量对比，也是常用的色彩设计与应用，主要涉及明度和纯度。明度对比可以看作色彩的明暗程度的对比，又称色彩的黑白度对比。而纯度对比，一种颜色与另一种更鲜艳的颜色相比较时，会感觉不太鲜艳，但与不鲜艳的颜色相比时，则显得鲜艳。质量对比是由一个颜色的纯色和它的渐暗色之间的对比构成的。改变纯色的办法主要是混合白色、黑色、中性灰色。而在摄影中，曝光不足或者过度曝光，其实就相当于给画面增加黑色或者白色，从而改变画面整体的色彩平衡。任何颜色所表现出来的颜色质量都会被其周围环境的明暗度减弱或者加强。

（3）颜色冷暖色对比

冷暖对比，由于色彩感觉的冷暖差别而形成的色彩对比，这类“冷暖”的温度感觉同色彩的心理联系在一起，并不是指物理上的实际温度感觉，但和色温还是有一定联系的，更多是指视觉上和心理上相互体验并相互关联的一种感觉。冷暖对比属于明暗对比、色相对比等色彩对比的范畴，可以使画面效果非常清晰并在画面中占绝对主导，主要用于突出主题效果。

拓展与提高

1. 数码照片处理

请为自选的旅游风景照进行艺术化处理，尺寸为宽 800 像素、高 600 像素，运用色彩模式、滤镜等相关知识对风景照进行艺术化处理。

2. 修复旧照片

请找一张家中的旧照片进行复原。运用仿制图章、修复工具、滤镜等相关知识对旧照片进行修复。

项目二

标 志 设 计

标志通常称为LOGO，它是企业商家给大众一种视觉化的信息表达方式，具有一定的企业含义，并能够使人理解的视觉图形。LOGO的设计理念是简洁、明确、一目了然。通过对LOGO的识别、区别、引发联想、增强记忆，从而树立并保持对企业的认知、认同，达到高效提高认知度、美誉度的效果，充分体现出品牌的特点和企业的形象。本项目主要讲解如何用Photoshop CC 2018制作标志，通过对糖果商店标志、饮料标志、房产公司标志以及学校标志的设计制作，学会使用钢笔工具、路径选择工具、直接选择工具、转换点工具、绘图工具、画笔等。

能力目标

◎ 能根据企业的特点及制作要求设计标志。

◎ 能使用钢笔工具绘制图形。

◎ 能使用路径选择工具、直接选择工具、转换点工具调整路径。

◎ 能使用绘图工具画出图形。

◎ 能使用文字工具创建文字。

素质目标

◎ 培养制作标志的规范意识。

◎ 培养团队合作精神。

任务一　设计糖果商店标志

任务描述

本任务是设计与制作“糖果商店”标志。通过本任务的学习，掌握用圆角矩形工具、图层样式、钢笔工具、转换点工具和直接选择路径工具制作“糖果小屋”的 LOGO。最终效果图如图 2–1–1 所示。

图 2–1–1　“糖果商店”标志效果图

设计糖果商店标志视频

重点和难点

重点：圆角矩形工具、图层样式、钢笔工具、转换点工具和直接选择路径工具的使用。

难点：灵活运用直接选择路径工具和转换点工具等调整路径形状。

方法与步骤

1. 新建画布

选择“文件”→“新建”命令，打开“新建”对话框。设置预设详细信息为“糖果标志 .psd”，设置宽度 500 像素、高度 300 像素，分辨率为 300 像素 / 英寸，颜色模式为 RGB，单击“创建”按钮，如图 2–1–2 所示。

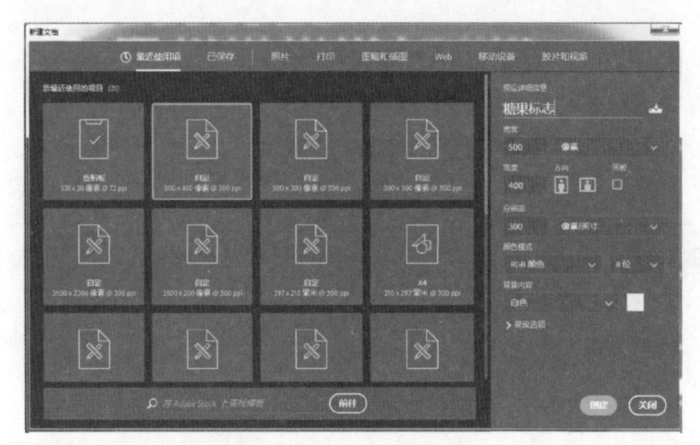

图 2–1–2　创建新文档

2. 创建糖果中部外形

（1）新建图层，单击按钮隐藏背景图层，调整前景色为白色，使用“圆角矩形工具”设置模式为“像素”，半径为“60 像素”，如图 2-1-3 所示。用鼠标拖出一个圆角矩形（“脸”形），使用“移动工具”将图片移动到合适位置，如图 2-1-4 所示。

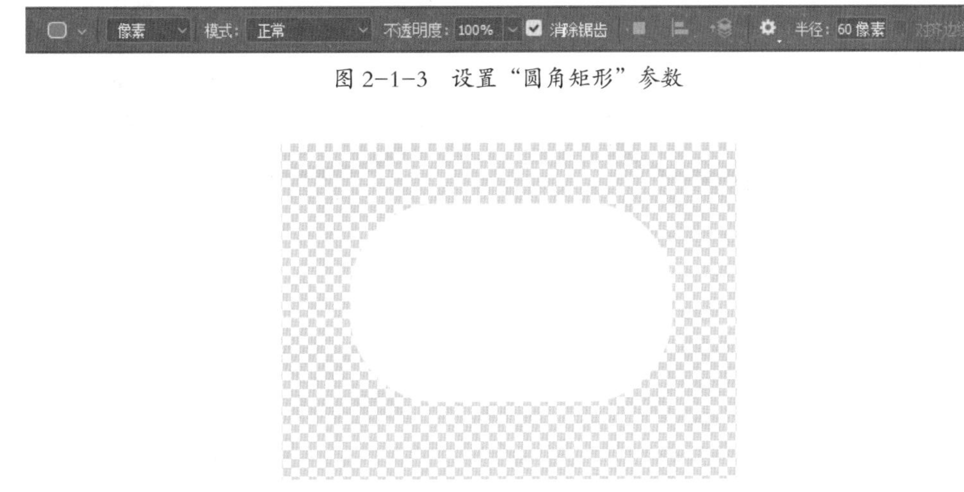

图 2-1-3 设置“圆角矩形”参数

图 2-1-4 绘制“脸”

（2）对图层添加图层样式效果，双击“图层”面板中的“图层样式”按钮，添加“描边”效果，参数设置如图 2-1-5 所示。添加“内阴影”效果，参数设置如图 2-1-6 所示，设置后单击“确定”按钮。图片效果如图 2-1-7 所示。

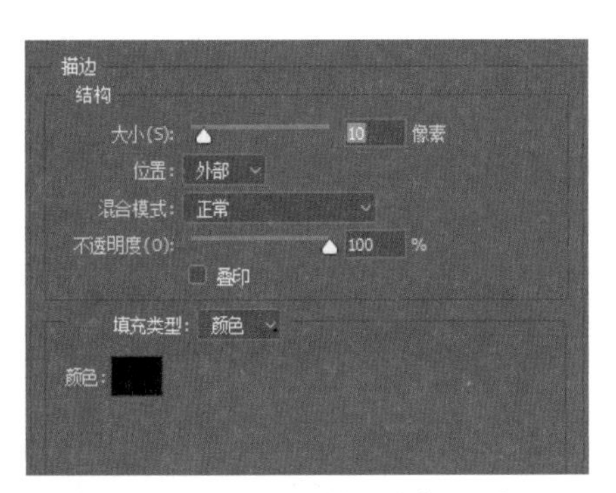

图 2-1-5 添加“描边”效果

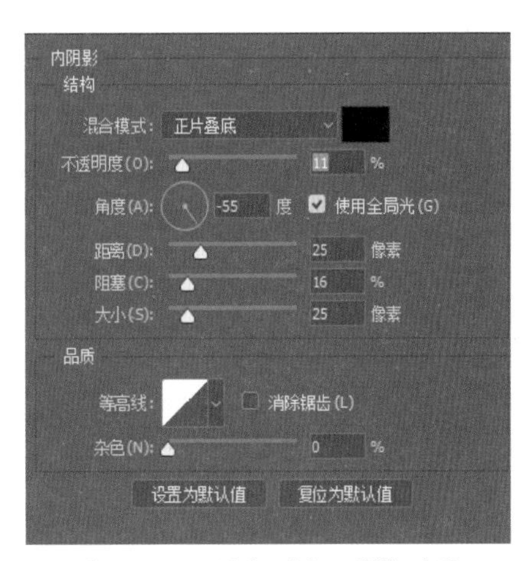

图 2-1-6 添加“内阴影”效果

（3）新建图层，前景色为“白色”，使用“椭圆工具”设置工具模式为“像素”，绘制出一个圆形，用“移动工具”调整位置。双击“图层”面板中的“图层样式”按钮，添加“描边”效果，设置描边大小为“10 像素”。

（4）选中此图层，按住鼠标左键拖动于“新建”按钮上方，即可复制出一个“拷贝图层”，用“移动工具”调整位置。将“脸”图层移至两个“圆”图层的上方，效果如图 2-1-8 所示。

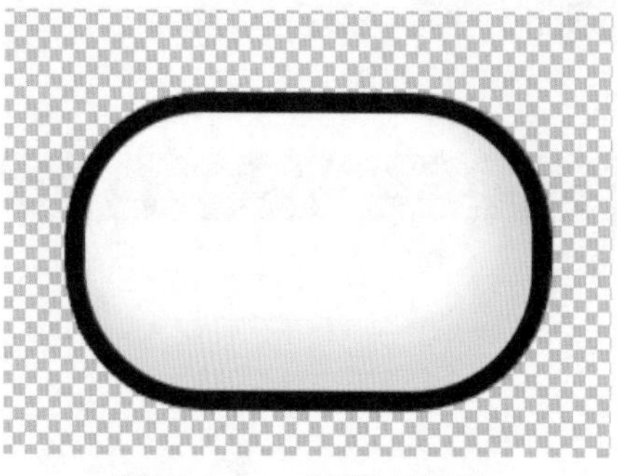

图 2-1-7 “脸”效果图

图 2-1-8 两个“圆”的效果

3. 绘制表情

（1）新建图层，调整前景色为黑色，使用“椭圆工具”绘制“鼻子”，设置模式为“像素”，绘制出一个圆形，用“移动工具”调整位置。

（2）新建图层，调整前景色为白色，使用“椭圆工具”绘制“高光”，设置模式为“像素”，绘制出一个圆形，用“移动工具”调整位置。

（3）新建图层，保持前景色为黑色，使用“椭圆工具”绘制“眼睛”，设置模式为“像素”，绘制出一个圆形，用“移动工具”调整位置。

（4）新建图层，调整前景色为白色，使用“椭圆工具”绘制“高光”，设置模式为“像素”，绘制出一个圆形，用“移动工具”调整位置，效果如图 2-1-9 所示。

（5）新建图层，调整前景色为“黑色”，使用“钢笔工具”绘制另一只“笑眼”，效果如图 2-1-10 所示。切换面板为“路径”，双击“工作路径”保存为“路径 1”。单击“工具栏”中的“画笔工具”，设置为“硬边圆”画笔，大小为“4 像素”，如图 2-1-11 所示。返回“路径”面板，单击“用画笔描边路径”按钮，效果如图 2-1-12 所示。

图 2-1-9 绘制“眼睛”和“鼻子”

图 2-1-10 钢笔绘制“笑眼”

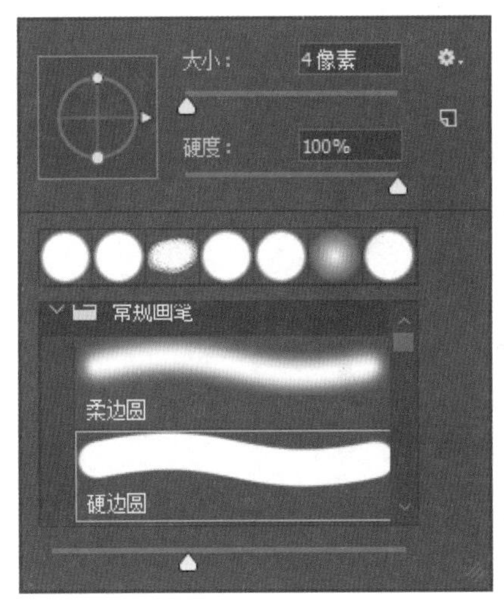

图 2-1-11　设置“画笔工具”

图 2-1-12　画笔描边“笑眼”路径

（6）新建图层，保持前景色为“黑色”，使用“直线工具”绘制“竖线”，设置“粗细”为“4 像素”，拖动鼠标则绘制出一条“竖线”。

（7）新建图层，保持前景色为“黑色”，使用“钢笔工具”绘制“嘴巴”。切换面板为“路径”，双击“工作路径”保存为“路径 2”。单击“工具栏”中的“画笔工具”，设置为“硬边圆”画笔，大小为“4 像素”。返回“路径”面板，单击“用画笔描边路径”按钮，整体效果如图 2-1-13。

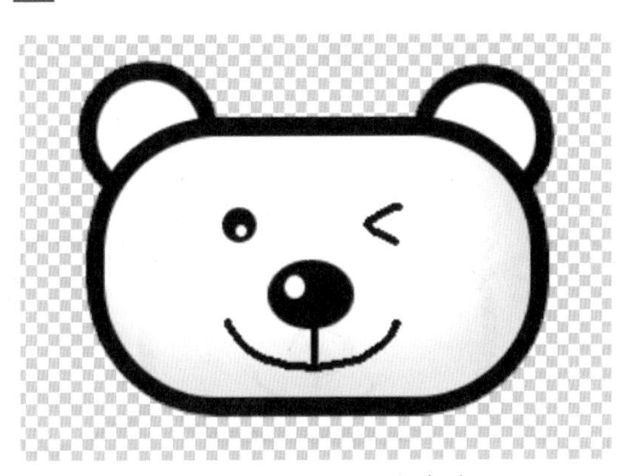

图 2-1-13　绘制脸部表情

4. 绘制糖果花边

（1）新建图层，使用“钢笔工具”绘制路径（绘制九个点），并用“直接选择工具”、“转换点工具”相结合调整路径，效果如图 2-1-14 所示。双击此路径，保存为“花边”。将“花边”路径“作为选区载入”，填充白色。双击“图层”面板中的“图层样式”按钮，添加“描边”效果，大小为“8 像素”。添加“渐变叠加”效果，选择“透明条纹渐变”，调整底部左右两个“色标”为“蓝色 #25becc”，角度调整为“120

度”，如图 2–1–15 所示。

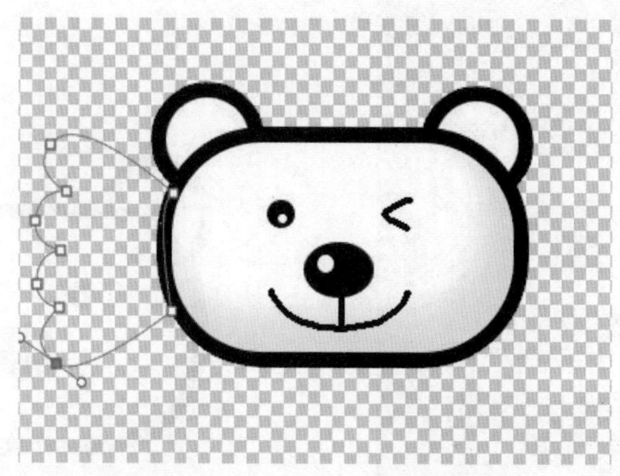

图 2–1–14　绘制“花边”路径

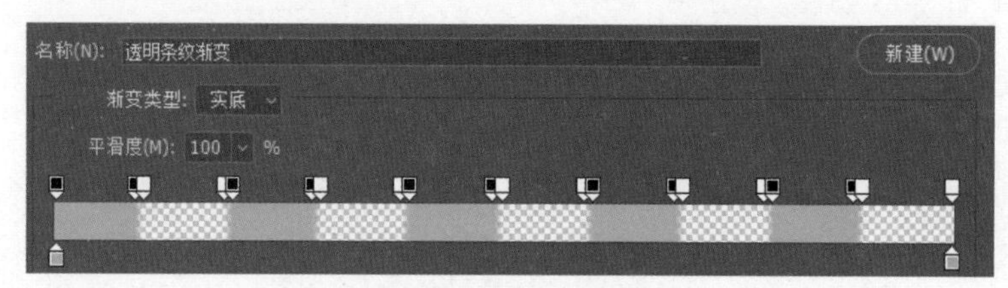

图 2–1–15　渐变叠加

（2）将此“花边”图层复制一层，选择“编辑”→“变换”→“水平翻转”命令，使“花边”左右对称，再用“移动工具”进行位置移动，整体效果如图 2–1–16 所示。

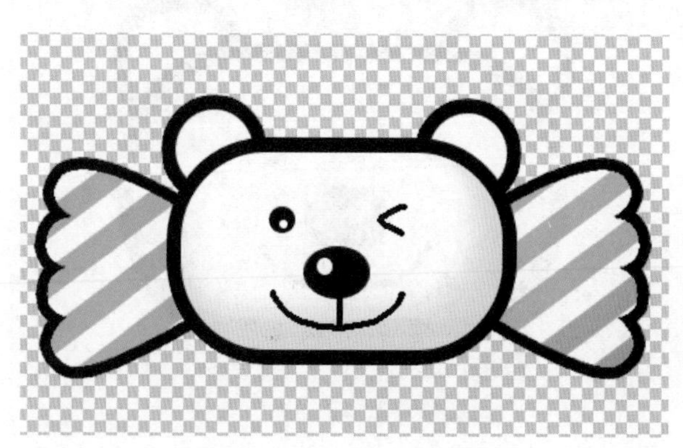

图 2–1–16　“花边”效果

5. 添加文字“糖果小屋”

使用“横排文字工具”，添加文字“糖果小屋”，设置字体为“幼圆”、大小为 19 pt，字体颜色为“黑色”。新建图层，使用“矩形选框工具”分别绘制 4 个矩形，填充“蓝色 #25becc”，将此图层移动到文字图层后方。最终“糖果”标志效果见图 2–1–1。

任务二　设计饮料标志

任务描述

任务是设计与制作“橘子茶”食品标志。通过本任务的学习，掌握钢笔工具、描边路径、自定形状工具、文字工具、直接选择工具和转换点工具调整路径形状设计制作“橘子茶”食品标志，效果如图 2-2-1 所示。

图 2-2-1　效果图

设计饮料标志视频

重点和难点

重点：钢笔工具、描边路径、自定形状工具、文字工具的使用。

难点：灵活运用直接选择工具、转换点工具调整路径形状。

方法与步骤

1. 新建画布

选择“文件”→“新建”命令，打开“新建”对话框。设置预设详细信息为“食品标志 .psd”，设置宽度 300 像素、高度 300 像素，分辨率为 300 像素 / 英寸，颜色模式为 RGB，单击“确定”按钮。

2. 创设“橘子茶”外形

（1）选择“视图”→“标尺”命令，拉出一条横线和竖线，相交于中心点。

（2）新建图层，使用“椭圆工具”的“路径模式”同时按住【Shift+Alt】组合键绘制以中心点为圆心的正圆。调整前景色为“橙色 #ffd842”，“画笔工具”为“常规画笔”、大小为 4 px，硬度为 100%，如图 2-2-2 所示。单击“路径”面板中的“用画笔描边路径”按钮，则可以得到一个橙色边框的圆形，如图 2–2–3 所示。

（3）新建图层，使用“矩形工具”分别绘制两个矩形，并重复之前的操作，用画笔描边路径。再用“橡皮擦工具”把多余的部分擦除，如图 2–2–4 所示。

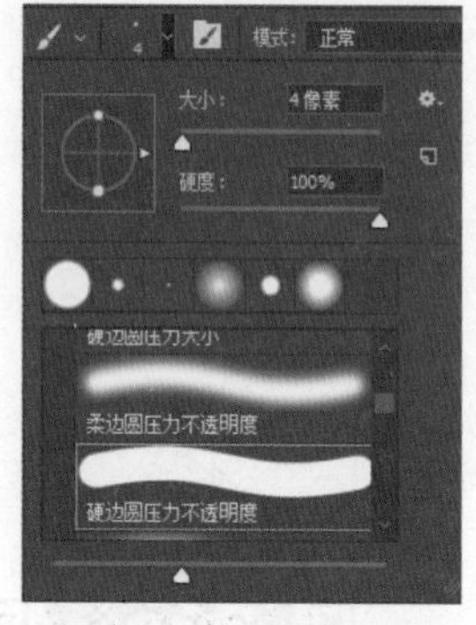

图 2–2–2 设置画笔

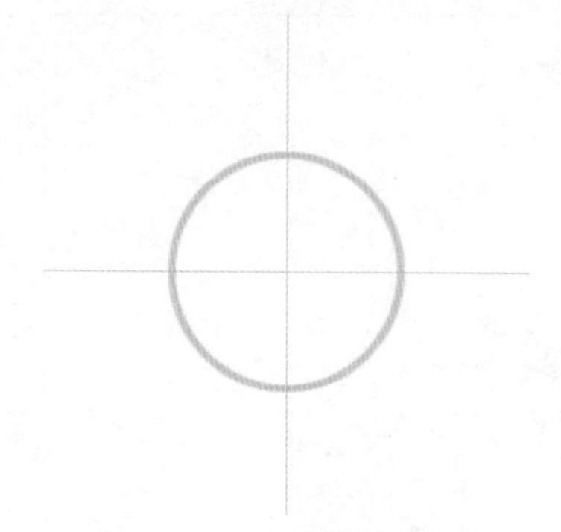
图 2–2–3 用画笔描边路径

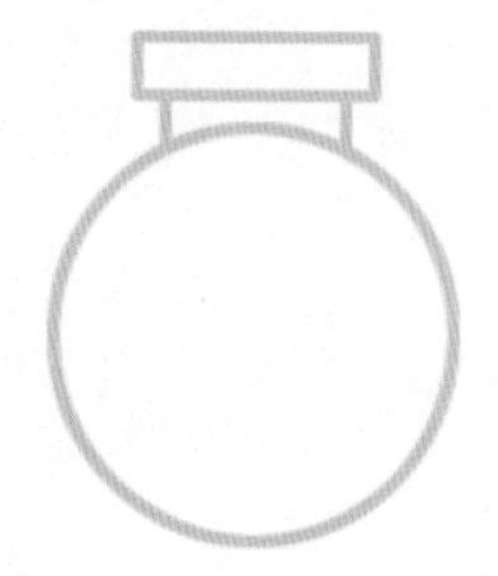
图 2–2–4 “橘子茶”外形

3. 制作“橘子茶”内部

（1）新建图层，使用“钢笔工具”，绘制 5 个点，并用“直接选择工具”、“转换点工具”相结合调整路径，效果如图 2–2–5 所示。将调整好的路径通过“将路径作为选区载入”，渐变填充此选区“淡橙色 #ffd842”到“深橙色 # ff7b01”，线性填充，如图 2–2–6 所示。

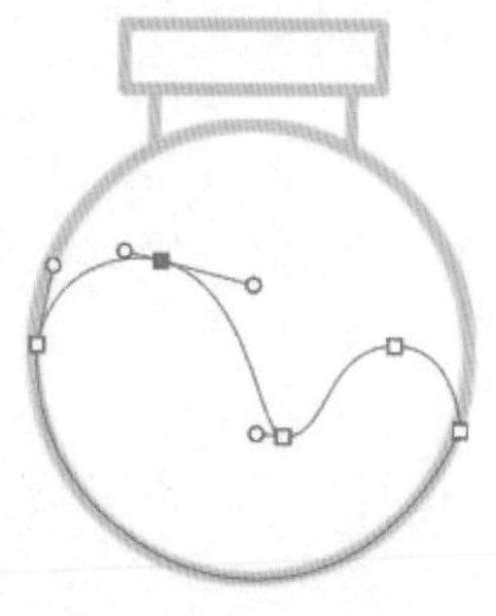
图 2–2–5 路径

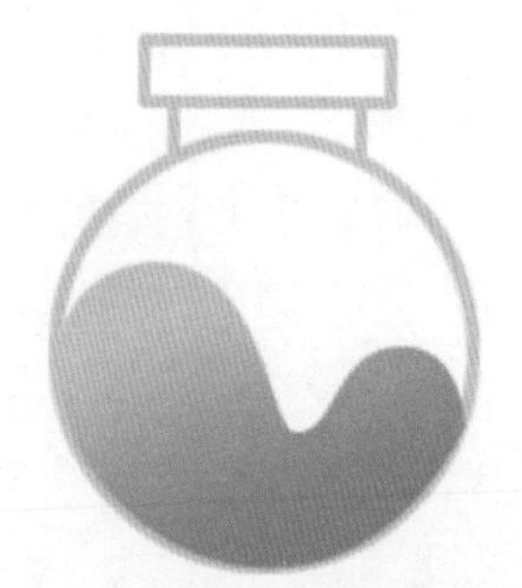
图 2–2–6 渐变色填充

（2）新建图层，使用“直线工具”，画出一条斜线，双击“路径”面板中的直线路径，进行保存。调整前景色为“白色”，设置“画笔工具”为“常规画笔”，大小为 8 px，硬度为 100%。单击“路径”面板中的“用画笔描边路径”按钮，则可以得到一条白色直线，使用“橡皮擦工具”将多余部分擦除，效果如图 2–2–7 所示。

（3）新建图层，选中“路径”面板中的直线路径，调整前景色为“橙色”，设置“画笔工具”为“常规画笔”、大小为 4 px，硬度为 100%。单击“路径”面板中的“用画笔描边路径”按钮，则可以得到一条橙色吸管，使用“橡皮擦工具”将多余部分擦除。单击按钮对此图层添加“图层样式”效果，设置渐变填充“淡橙色 #ffd842”到“深

橙色 # ff7b01”，效果如图 2-2-8 所示。

图 2-2-7　白色描边

图 2-2-8　橙色吸管

（4）新建图层，设置前景色为“白色”，使用“画笔工具”分别设置画笔大小为 10 px、6 px，绘制出“气泡”效果。设置前景色为“橙色 # ff7b01”，使用“画笔工具”绘制出“短直线”，效果如图 2-2-9 所示。

4. 绘制“叶子”装饰

（1）使用“自定形状工具”，设置模式为“形状”，颜色为“绿色 #8fc31f”，追加“自然”类别，找到“叶子”图形。分别新建两个图层，绘制“叶子”图形，使用【Ctrl+T】组合键旋转“叶子”，得到如图 2-2-10 所示的图像。

（2）使用“画笔工具”，设置画笔为 3 px，颜色为 #8b632e，绘制出“树枝”效果，如图 2-2-11 所示。

图 2-2-9　添加“气泡”效果

图 2-2-10　添加“叶子”

图 2-2-11　绘制“树枝”

5. 添加文字

（1）使用“横排文字工具” T，输入文字 “橘子茶”，字体为“方正舒体”，字号为 36 pt，颜色为 # ff7a00。

（2）使用“横排文字工具” T，输入文字 ORANGE TEA SHOP，字体为 Berlin Sans FB Demi，字号为 18 pt，颜色为 # ff7a00。最终效果见图 2–2–1。

任务三　设计房产公司标志

任务描述

本任务是设计与制作房地产公司的标志。通过本任务的学习，掌握钢笔工具、路径选择工具、直接选择工具、文字工具设计制作“房友”房地产公司标志。最终效果图如图 2–3–1 所示。

图 2–3–1　房产公司标志效果图

设计房产公司标志视频

重点和难点

重点：钢笔工具、路径选择工具、直接选择工具、文字工具的使用。

难点：灵活运用直接选择工具调整图形。

方法与步骤

1. 新建画布

选择“文件” → “新建”命令，打开“新建”对话框。设置预设详细信息为“房产公司标志 .psd”，宽度为 300 像素，高度为 300 像素，分辨率为 72 像素 / 英寸，颜色模式为 RGB，单击“确定”按钮。

2. 绘制底部弧线

新建图层，选择“椭圆选框工具”绘制出一个椭圆。单击选项栏中的“从选区减去”按钮，再绘制出另一个椭圆（见图 2-3-2），两个圆相减得到一个圆弧。圆弧填充为“蓝色 #1c7dbd”，用“移动工具”调整圆弧的位置，如图 2-3-3 所示。

3. 绘制房屋

（1）新建图层，使用“多边形工具”（模式为“路径”）绘制出一个五边形路径。使用“路径选择工具”移动五边形到圆弧上，调整其整体位置，如图 2-3-4 所示。

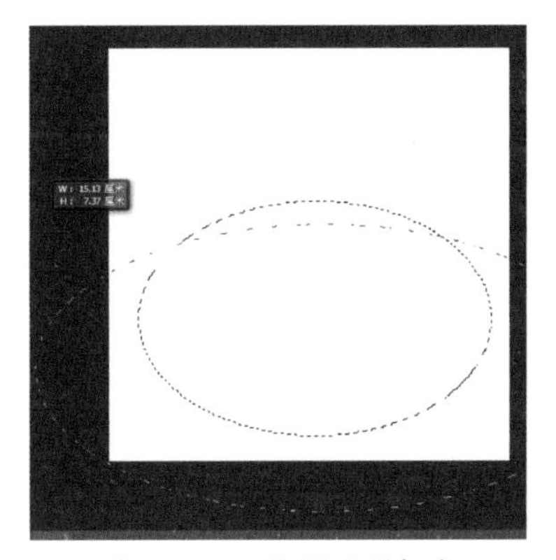

图 2-3-2 绘制两圆相减

图 2-3-3 填充圆弧

（2）使用“直接选择工具”，将底部两个锚点移到圆弧上方，如图 2-3-5 所示。双击“路径”面板中的“工作路径”，保存当前路径为“路径 1”。单击“路径”面板中的“将路径作为选区载入”按钮，同时选择“图层”面板中的“图层 2”，填充“蓝色 #1c7dbd”，取消选择。

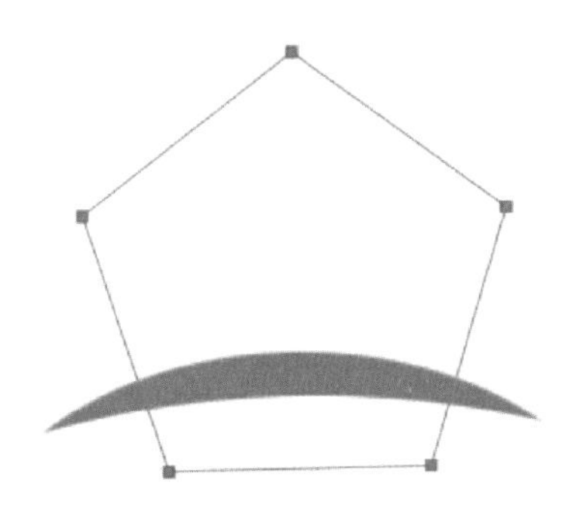

图 2-3-4 绘制五边形

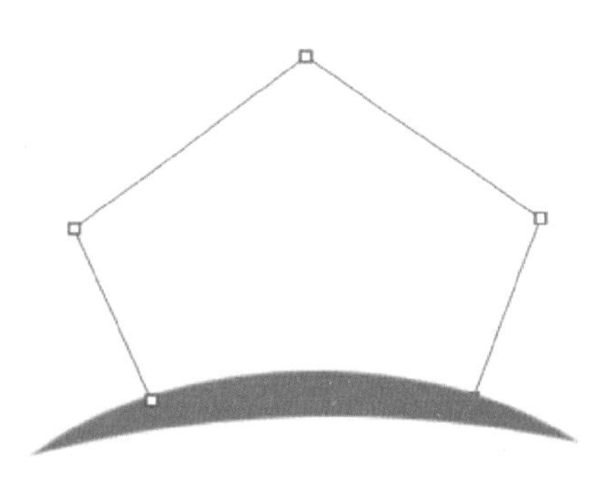

图 2-3-5 调整底部两个点

（3）新建图层，单击“路径”面板中的“路径 1”，按【Ctrl+T】组合键自由变换路径，缩小路径，并使用“直接选择工具”调整路径位置，如图 2–3–6 所示。单击“路径”面板中的“将路径作为选区载入”按钮，同时选择“图层”面板中的“图层 3”，填充“白色”，取消选择，如图 2–3–7 所示。

4. 绘制内部图形

（1）新建图层，使用“矩形工具”（模式为“路径”）绘制一个矩形路径，使用“直接选择工具”对矩形的点进行调整，得到一个梯形，如图 2–3–8 所示。双击“路径”面板中的“工作路径”，保存当前路径为“路径 2”。单击“路径”面板中的“将路径作为选区载入”按钮，同时选择“图层”面板中的“图层 4”，填充“灰色 # 4a4b4b”，取消选择。

图 2–3–6　绘制内五边形

图 2–3–7　填充白色

（2）新建图层，单击“路径”面板中的“路径 2”，按【Ctrl+T】组合键自由变换路径，缩小路径，并使用“直接选择工具”调整路径位置，如图 2–3–9 所示。单击“路径”面板中的“将路径作为选区载入”按钮，同时选择“图层”面板中的“图层 5”，填充“白色”，取消选择，再将之前的圆弧图层移动到最前，如图 2–3–10 所示。

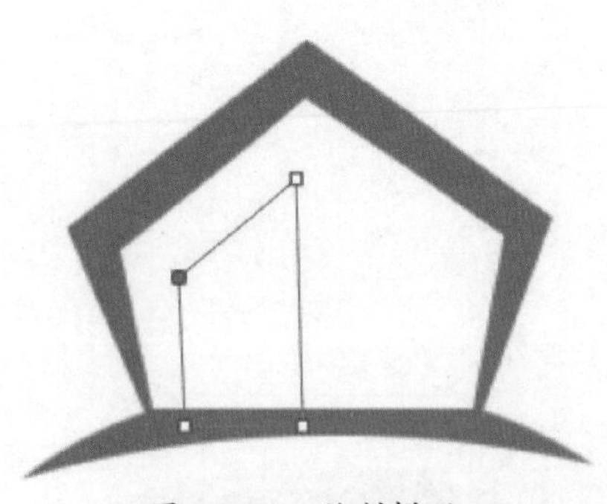

图 2–3–8　绘制梯形

图 2–3–9　调整路径位置

图 2-3-10　圆弧上移

5. 绘制窗形

（1）新建图层，使用“矩形工具”（路径模式）按住【Shift】键绘制一个正方形路径，使用“直接选择工具”对正方形的点进行调整，得到一个透视正方形，如图 2-3-11 所示。

（2）单击“路径”面板中的“将路径作为选区载入”按钮，同时选择“图层”面板中的“图层 6”，填充“灰色 # 4a4b4b”，取消选择，如图 2-3-12 所示。

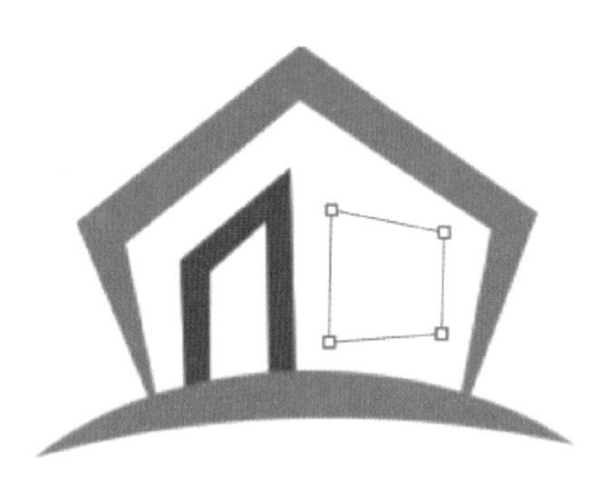

图 2-3-11　透视正方形

图 2-3-12　填充

（3）新建图层，使用“矩形工具”（路径模式）绘制一个矩形路径，按【Ctrl+T】组合键旋转路径，用白色填充路径，如图 2-3-13 所示。重复之前的操作或者复制图层，经过变形后，得到另一个竖矩形，如图 2-3-14 所示。

图 2-3-13　绘制横线

图 2-3-14　绘制竖矩形

6. 绘制烟囱

（1）新建图层，使用“矩形工具”（路径模式）绘制一个矩形路径，使用“直接选择工具”对矩形的点进行调整，得到一个菱形。使用之前的方法，单击“将路径作为选区载入”按钮，填充“灰色 # 4a4b4b”。

（2）新建图层，使用“钢笔工具”（路径模式）绘制出一个三角形路径，单击“将路径作为选区载入”按钮，填充“灰色 # 4a4b4b”，效果如图 2-3-15 所示。

图 2-3-15 绘制烟囱

7. 添加公司名称

使用“横排文字工具”输入文字 “房友房地产”，字体为“黑体”，大小为 30 pt，最终效果见图 2-3-1。

任务四 设计学校标志

任务描述

本任务是设计与制作“上海市材料工程学校”的标志。通过本任务的学习，掌握运用路径文字、图层样式、直接选择工具设计制作学校标志。最终效果图如图 2-4-1 所示。

图 2-4-1 学校标志效果图

设计学校标志视频

重点和难点

重点：路径文字、图层样式、直接选择工具的使用。

难点：设置路径文字的位置。

方法与步骤

1. 新建画布

选择“文件”→“新建”命令，打开“新建”对话框，设置预设详细信息为“学校标志 .psd”，宽度 300 像素，高度为 300 像素，分辨率为 300 像素 / 英寸，颜色模式为 RGB，单击“确定”按钮。

2. 绘制背景图形

（1）选择“视图”→“标尺”命令，拖出一条横线和竖线交于中心点。新建图层，使用“椭圆选框工具”同时按住【Shift】键绘制一个正圆，填充“绿色 #8aff00”，如图 2-4-2 所示。

图 2-4-2　绘制绿色圆形

（2）对圆形图层依次添加如下图层样式，单击“图层”面板中的“添加图层样式”按钮，增加“斜面和浮雕”效果，调整参数如图 2-4-3 所示。调整其“等高线”，参数如图 2-4-4 所示。

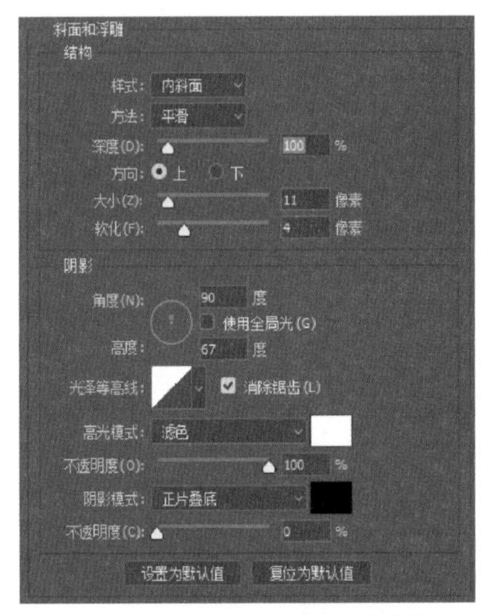

图 2-4-3　设置“斜面和浮雕”

图 2-4-4　设置“等高线”

（3）调整“内阴影”效果，混合模式颜色为“深绿色 #309837”，参数设置如图 2-4-5 所示。

（4）调整“内发光”效果，颜色为“#004741”，参数设置如图 2–4–6 所示。

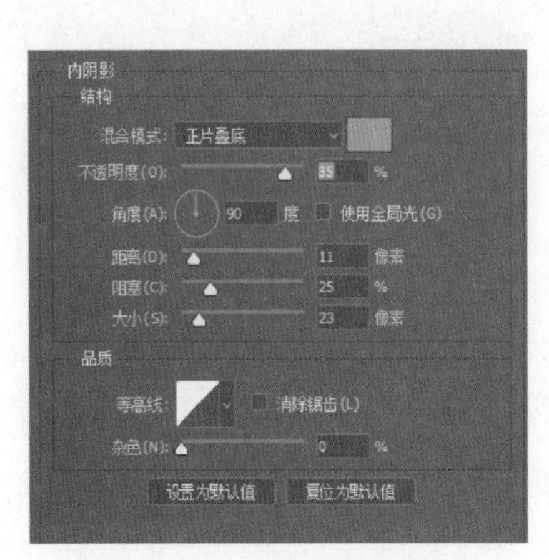

图 2–4–5　设置“内阴影”

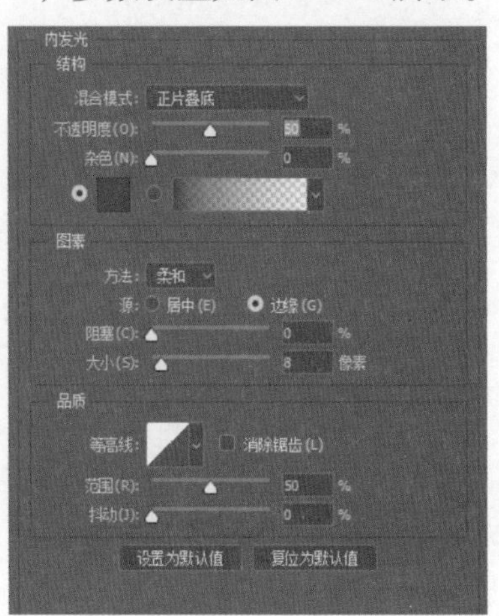

图 2–4–6　设置“内发光”

（5）调整“光泽”效果，颜色为 # 60ff6b，参数设置如图 2–4–7 所示。

（6）调整“外发光”效果，颜色为 # 6bfc44，参数设置如图 2–4–8 所示。

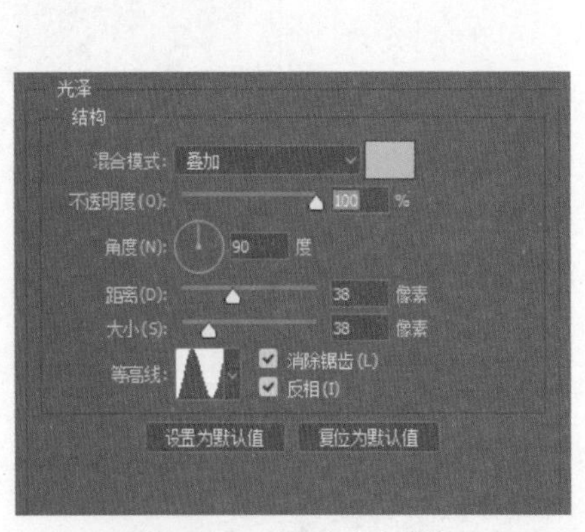

图 2–4–7　设置“光泽”

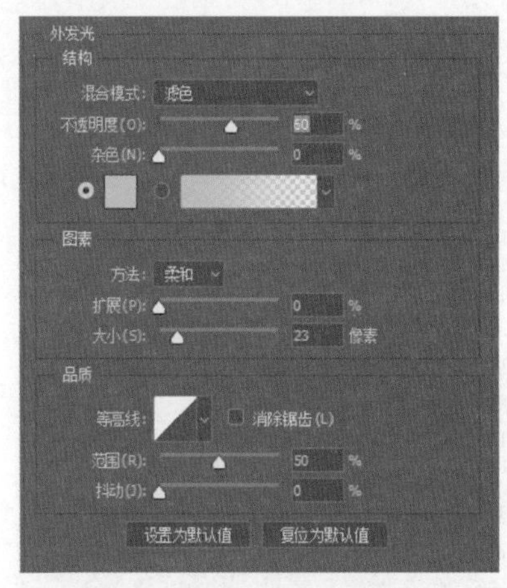

图 2–4–8　设置“外发光”

（7）调整“投影”效果，颜色为 # 5c954b，参数设置如图 2–4–9 所示。调整好的效果如图 2–4–10 所示。

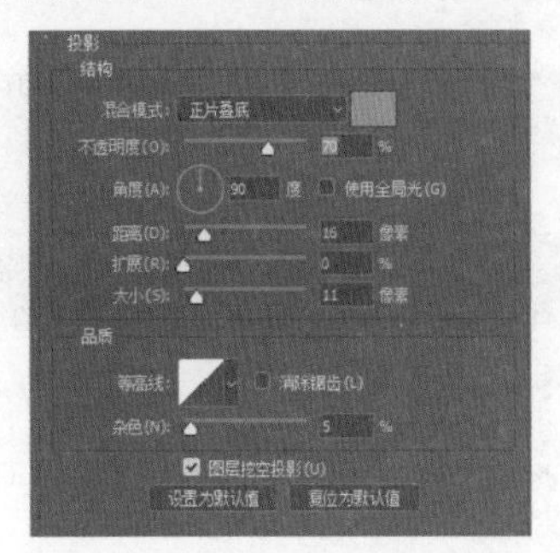

图 2–4–9　设置“投影”

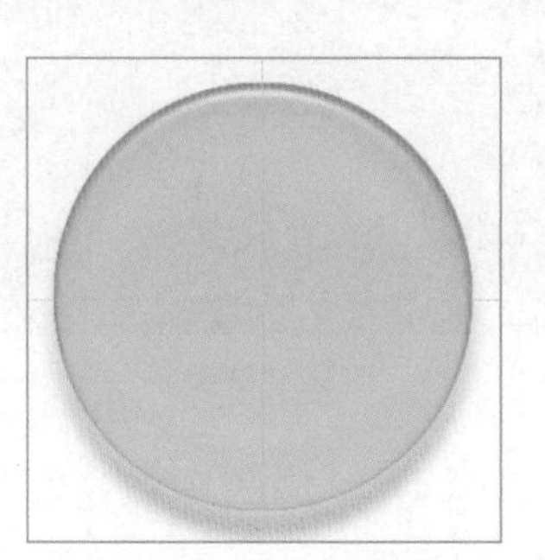

图 2–4–10　立体图

3. 绘制蓝色圆形

新建图层，使用“椭圆选框工具”同时按住【Shift】键绘制一个正圆，单击“渐变色填充”按钮，选择“浅蓝 #2a74cd”到“深蓝 #1b54a7”的“径向渐变”。单击“添加图层样式”按钮，对图层添加“白色4像素”的描边效果，如图 2-4-11 所示。

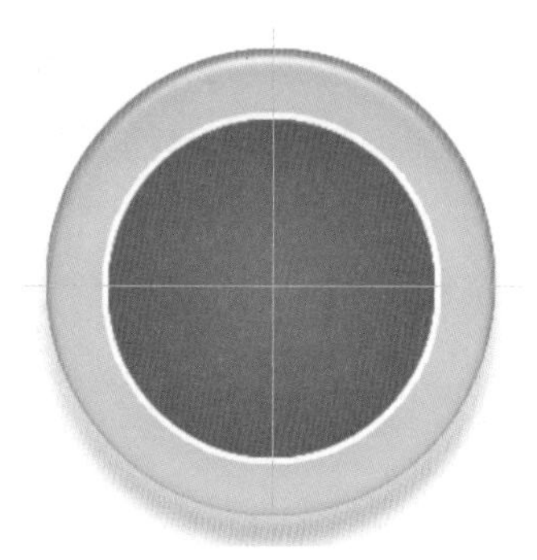

图 2-4-11　蓝色内圆

4. 制作校徽

（1）使用“横排文字工具”输入英文字母“C”，字体为 Baskerville Old Face，字号为 18 pt，使用“移动工具”将文字移动到左侧。

（2）复制该文字层，选择“编辑”→“变换”→“水平翻转”命令，使得两个“C”字对称，再用“移动工具”将文字移动到右侧，如图 2-4-12 所示。

（3）使用“横排文字工具”输入英文字母“G”，字体为 Baskerville Old Face，字号为 18 pt，使用“移动工具”将文字移动到中间，如图 2-4-13 所示。

图 2-4-12　两个“C”对称排布

图 2-4-13　字母“G”的位置

（4）使用“横排文字工具”，输入英文字母“L”，字体为 Baskerville Old Face，字号为 18 pt，使用“移动工具”将文字移动到中间。选中字母“L”图层，右击选择“创建工作路径”命令，此时的文字图层就变成了路径，使用“直接选择工具”框选“L”底部的点，向下拖，得到新的字形，如图 2-4-14 所示。

（5）对于“L”形路径，单击“将路径作为选区载入”按钮，填充“白色”，按【Ctrl+T】组合键调整“L”的大小，单击按钮隐藏之前未变形的“L”图层，效果如图 2-4-15 所示。

图 2-4-14　向下拖“L”底部的点

图 2-4-15　调整“L”的大小

5. 添加学校名称

（1）新建图层，使用“椭圆工具”的路径选项，同时按住【Alt+Shift】组合键绘制出一个以中心点为圆心的路径。再使用“横排文字工具”移动到路径上，出现“路径文字”，输入“上海市材料工程学校”，字体为“微软雅黑”，字号为 5 pt。使用“路径选择工具”可以对文字的位置进行调整。单击“图层”面板中的“添加图层样式”按钮，对文字添加“阴影”效果。打开“文字图层属性”面板，如图 2-4-16 所示，设置文字的“字距”为 340，文字效果如图 2-4-17 所示。

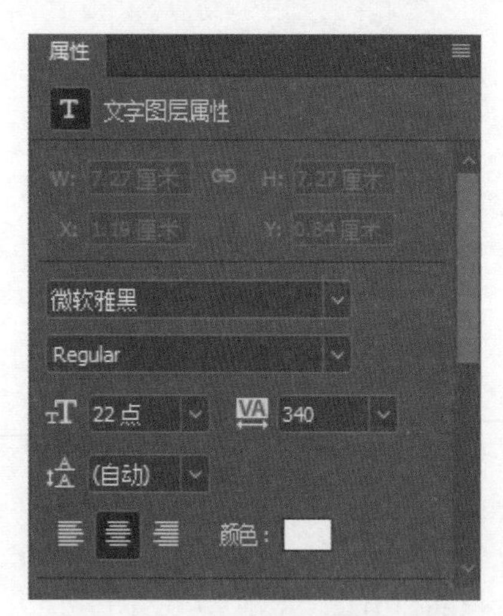

图 2-4-16　“文字图层属性”面板

图 2-4-17　文字效果

（2）新建图层，重复以上操作，使用“横排文字工具”输入英文 SHANGHAI MATERIAL ENGINEERING SCHOOL，字体为 Calibri，字号为 3 pt，字距为 50，对文字添加“阴影”效果。最终效果见图 2-4-1。

知识与技能

1. 图层

“图层”面板列出了图像中的所有图层、组和图层效果，如图 2-5-1 所示。可以使用“图层”面板搜索图层、显示和隐藏图层、创建新图层以及处理图层组，还可以在“图层”面板的弹出式菜单中设置其他命令和选项。

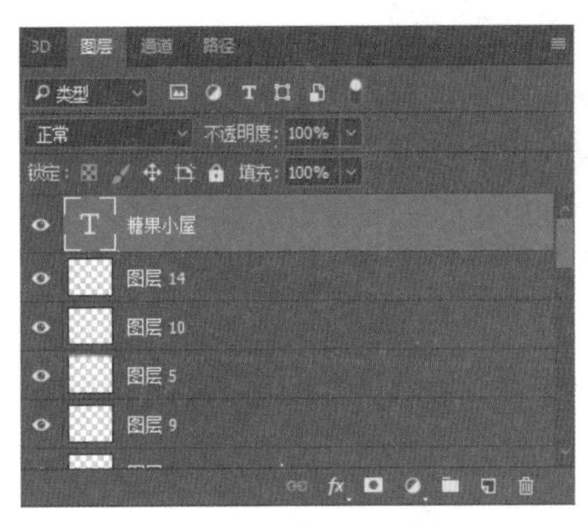

图 2-5-1 “图层”面板

◎ 正常：图层混合模式，共包含 27 种混合模式。

◎ ：锁定透明像素，用于锁定当前图层中的透明区域，使透明区域不能被编辑。

◎ ：锁定图像像素，使当前图层和透明区域不能被编辑。

◎ ：锁定位置，使当前图层不能被移动。

◎ ：防止在画板内外自动嵌套。

◎ ：锁定全部，使当前图层和序列完全被锁定。

◎ 不透明度：用于设置图层的不透明度。

◎ 填充：用于设置图层的填充百分比。

◎ ：用于打开或隐藏图层中的内容。

◎ T：表示此图层为可编辑的文字层。

◎ ：表示图层与图层之间的链接关系。

◎ fx：添加图层样式。

◎ ：用于添加矢量蒙版。

◎ ：创建新的填充或调整图层色彩。

◎ ：用于新建文件夹。

◎ ：用于新建图层。

◎ ：用于删除图层。

2. “路径”面板

“路径”面板列出了图像中所有创建的路径，如图 2–5–2 所示。在“路径”面板的底部有 6 个工具按钮，单击“路径”面板右上方的图标，弹出下拉菜单，如图 2–5–3 所示。

图 2–5–2 “路径”面板

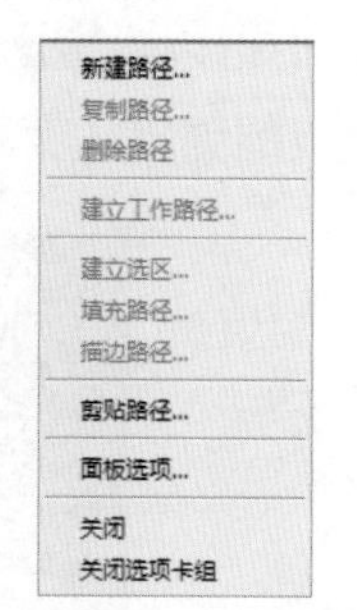

图 2–5–3 下拉菜单

◎ ：指“用前景色填充路径”，单击此按钮，将对当前选中的路径进行填充，填充的对象包括当前路径的所有子路径以及不连续的路径线段。如果选定了路径中的一部分路径，“路径”面板弹出菜单中的“填充路径”命令将变为“填充子路径”命令。如果被填充的路径为开放路径，则自动把路径的两个端点以直线段连接，然后进行填充。如果只有一条开放的路径，则不能填充。按住【Alt】键的同时单击此按钮，将打开“填充路径”对话框。

◎ ：指“用画笔描边路径”，单击此按钮，系统将使用当前的颜色和当前在描边路径对话框中设置的工具对路径进行描边。

◎ ：指“将路径作为选区载入”，单击此按钮，将把当前路径所圈选的范围转换为选择路径。

◎ ：指“从选区生成工作路径”，单击此按钮，将把当前的选择区域转换为路径。

◎ ：指“添加图层蒙版”，用于为当前图层添加蒙版。

◎ ：指“创建新路径”，单击此按钮，可以创建一个新的路径。

◎ ：指“删除当前路径”，用于删除当前路径。可以直接拖动“路径”面板中的一个路径到此按钮上将整个路径全部删除。

3. 画笔工具

“画笔工具” 可以将预设的笔尖图案直接绘制到图层上，也可以绘制到新建图层上。“画笔工具” 的使用方法与现实中的画笔使用方法很相似，只要选择相应的画笔笔尖后，在画布中按住鼠标进行拖动，便可进行绘制。画笔的笔触颜色以前景色为主，选择“画笔工具” 选项栏中会显示该工具的属性设置，如图 2–5–4 所示。

图 2-5-4 “画笔工具”选项栏

◎ 画笔预设：用于选择预设的画笔。

◎ 模式：用于选择绘画颜色与现有像素的混合模式。

◎ 不透明度：可以设置画笔颜色的不透明度。

◎ 流量：用于设置喷笔压力，压力越大，喷色越浓。

◎ 启用喷枪模式：可以启用喷枪功能。

◎ 绘图板压力控制大小：使用压感笔压力，可以覆盖画笔面板中的不透明度和大小的设置。

◎ 画笔面板：单击此按钮，系统会自动打开如图 2-5-5 所示的“画笔”面板，从中可以选取笔触进行更精确的设置。

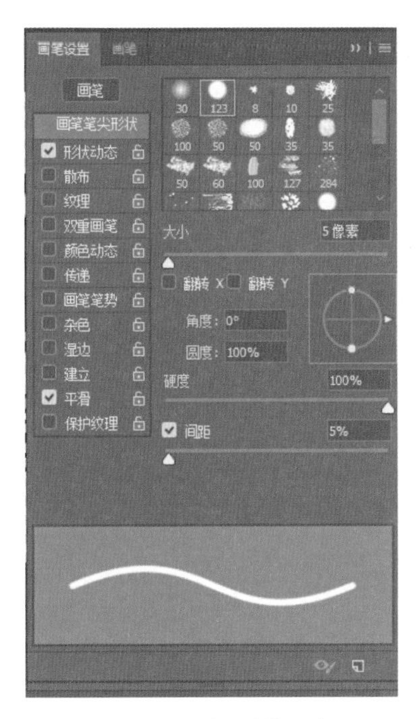

图 2-5-5 “画笔”面板

4. 钢笔工具

“钢笔工具”是Photoshop中所有路径工具中最精确的工具，使用“钢笔工具”可以精确地描绘出直线或光滑的曲线，还可以创建形状图层。

“钢笔工具”的使用方法非常简单，只要在页面中选择一点单击，移动到下一点再单击就会创建直线路径。例如，在下一点按下鼠标并拖动，则会创建曲线路径。按住【Enter】键绘制的路径会形成不封闭的路径。在绘制路径的过程中，当起始点的锚点与终点的锚点相交时，单击则会将该路径创建成封闭的路径。

选择“钢笔工具”后，选项栏中会显示该工具的属性设置，如图 2–5–6 所示。

图 2–5–6 “钢笔工具”选项栏

◎ 自动添加 / 删除：选中此复选框后，“钢笔工具”就有了自动添加或删除锚点的功能。当“钢笔工具”的光标移动到没有锚点的路径上时，光标右下角就会出现一个小“+”号，单击便会自动添加一个锚点；当“钢笔工具”的光标移动到有锚点的路径上时，光标右下角会出现一个小“–”号，单击可自动删除该锚点。

◎ 橡皮带：选中此复选框后（见图 2–5–7），使用“钢笔工具”绘制路径时，在第一个锚点和要建立的第二个锚点之间会出现一条假想的线段。只要单击，这条线段就会变成真正存在的路径。

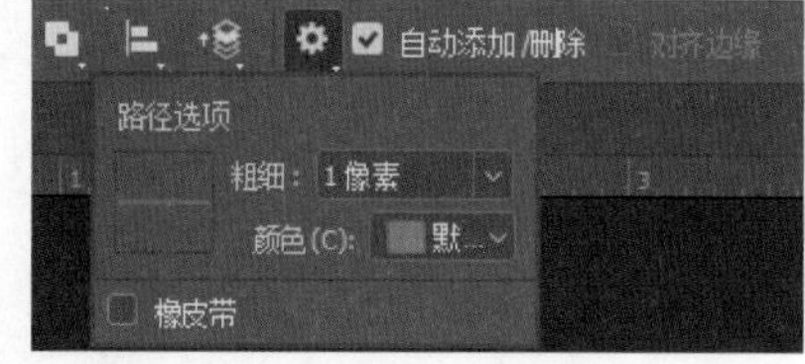

图 2–5–7 橡皮带

◎ 路径绘制模式：用来对创建路径方法进行运算的方式，包括“添加到路径区域”、“从路径区域减去”、“交叉路径区域”和“重叠路径区域除外”。

添加到路径区域：可以将两个以上的路径进行重组。

从路径区域减去：创建第二个路径时，会将经过第一个路径的区域减去。

交叉路径区域：两个路径相交的部位保留，其他区域被刨除。

重叠路径区域：使用该选项创建路径，当两个路径相交时，重叠的部位会被路径删除。

5. 路径文字

可以将文字工具和路径相结合，让文字建立在路径上，并应用路径工具对文字进行修改。

（1）在路径上创建文字

选择“椭圆工具”在属性栏的模式选项中选择“路径”模式，按住【Shift】键的同时在图像窗口中绘制圆形路径，如图 2–5–8 所示。选择“横排文字工具”，将光标放到路径上，单击路径出现闪烁的光标，此处为输入文字的起始点。输入的文字会沿着路径的形状进行排列，效果如图 2–5–9 所示。

图 2-5-8　绘制椭圆路径

图 2-5-9　输入路径文字

文字输入完成后，在“路径”面板中会自动生成文字路径层，如图 2-5-10 所示。取消选择“路径”，可以隐藏文字的路径，如图 2-5-11 所示。

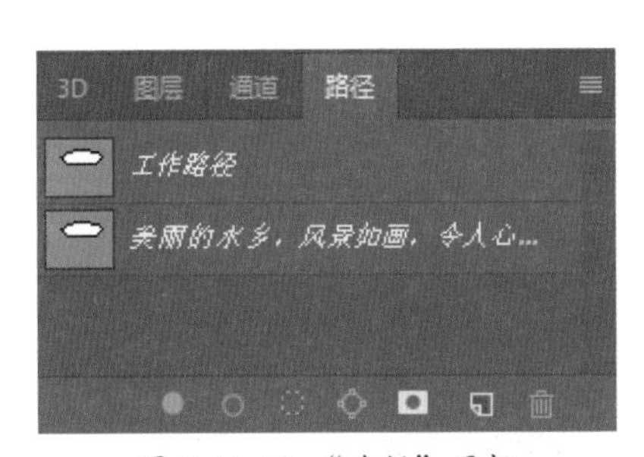

图 2-5-10　“路径”面板

图 2-5-11　文字样式

“路径”面板中的文字路径层与“图层”面板中的文字图层是相链接的，删除文字图层时，文字图层路径层会自动被删除，删除其他工作路径不会对文字的排列有影响。如果要修改文字的排列形状，需要对文字路径进行修改。

（2）在路径上移动文字

使用“路径选择工具”将光标放置在文字上，光标显示为图标，单击并沿着路径拖动光标，可以移动文字，效果如图 2-5-12 所示。

（3）在路径上翻转文字

使用“路径选择工具”将光标放置在文字上，光标显示为图标，将文字向路径内部拖动，可以沿着路径翻转文字，效果如图 2-5-13 所示。

图 2-5-12 移动文字

图 2-5-13 翻转文字

（4）修改路径绕排文字

创建路径文字后，可以编辑路径的形状。使用“直接选择工具” 在路径上单击，路径上显示出控制手柄，拖动控制手柄修改路径的形状，文字会按照新的路径进行排列，效果如图 2-5-14 所示。

图 2-5-14 修改路径的形状

6. 尺寸

为了便于在 Internet 上传播信息，制定了一整套 LOGO 国际标准。其中关于网站的 LOGO，目前有几种规格：

◎ 88 × 31 像素：互联网上最普遍的 LOGO 规格。

◎ 120 × 60 像素：用于一般大小的 LOGO 规格。

◎ 120 × 90 像素：用于大型的 LOGO 规格。

拓展与提高

1. 公司 LOGO 设计

请为“格尔德（Guard）检测”公司设计一个 LOGO，企业要表达“可持续发展，健康生活”的主题。设计画布尺寸宽度 300 像素、高度 300 像素，分辨率为 300 像素 / 英寸，颜色模式为 RGB。

2. 班级 LOGO 设计

请自行为班级设计一个 LOGO，要求体现专业特色，画布尺寸宽度为 300 像素、高度为 300 像素，分辨率为 300 像素 / 英寸，颜色模式为 RGB。设计效果图如图 2-6-1 所示。

图 2-6-1　班级 LOGO 设计效果图

附：学生作品赏析

学生在学习 Photoshop 各工具后，发挥创造力，设计出如图 2-6-2 所示的作品。

（a）格尔德检测（一）

（b）格尔德检测（二）

（c）格尔德检测（三）

（d）学校校庆 LOGO（一）

（e）学校校庆 LOGO（二）

（f）学校校庆 LOGO（三）

图 2-6-2　学生作品

项目三

海报招贴设计

海报与招贴作为信息传播的工具，在现代生活中随处可见。优秀的海报不但可以让人印象深刻，带来感官视觉上的刺激，还能帮助商家提高销售业绩。本项目主要讲解如何用 Photoshop CC 2018 制作海报招贴，通过对电影宣传海报、西餐店开业海报、汽车展览招贴、动态商场促销招贴的设计制作，学会使用文字工具、图层样式、魔棒工具、剪贴蒙版、动态效果等。

能力目标

◎ 能根据海报的特点及制作要求设计海报、招贴。

◎ 能使用文字工具创建文字。

◎ 能使用魔棒工具进行抠图。

◎ 能使用图层样式设置阴影、描边等效果。

◎ 能创建剪贴蒙版。

◎ 能设置海报的动态效果。

素质目标

◎ 培养制作海报招贴的规范意识。

◎ 培养团队合作精神。

任务一　设计电影宣传海报

任务描述

本任务是设计与制作微电影海报。通过本任务的学习，掌握用文字工具、魔棒工具、选框工具和图层样式设计制作“新同学”的微电影海报。最终效果如图 3-1-1 所示。

图 3-1-1　微电影海报效果图

设计电影宣传海报

重点和难点

重点：蒙版工具、文字工具、选框工具、描边工具的使用。

难点：灵活运用蒙版工具修饰图片。

方法与步骤

1. 新建画布

选择“文件”→“新建”命令，打开“新建”对话框。设置预设详细信息为“电影海报 .psd”，宽度为 18 厘米、高度为 25 厘米，分辨率为 300 像素 / 英寸，颜色模式为 RGB，单击“确定”按钮。

2. 置入背景图片

选择“文件”→“置入嵌入对象”命令，置入所需要的海报素材“女孩 .jpg”，调整背景图片的大小，并按【Enter】键确定。

3. 添加蒙版

对女孩图层添加蒙版，单击“图层”面板底部的“添加图层蒙版”按钮。在蒙版图层添加“黑色到白色”的“线性”渐变效果，如图 3–1–2 所示。

图 3–1–2 添加蒙版

4. 添加背景

选择“文件”→“置入嵌入对象”命令，置入所需要的海报素材“同学.jpg”，调整背景图片的大小，并按【Enter】键确定。与“女孩”图层制作方法相同，添加“图层蒙版”，用“渐变工具”填充“黑到白色”的“线性”渐变。选中“同学”图层，单击“图层”面板中的“创建新的填充或调整图层”中的“色阶”，参数设置如图 3–1–3 所示。调整好的效果如图 3–1–4 所示。

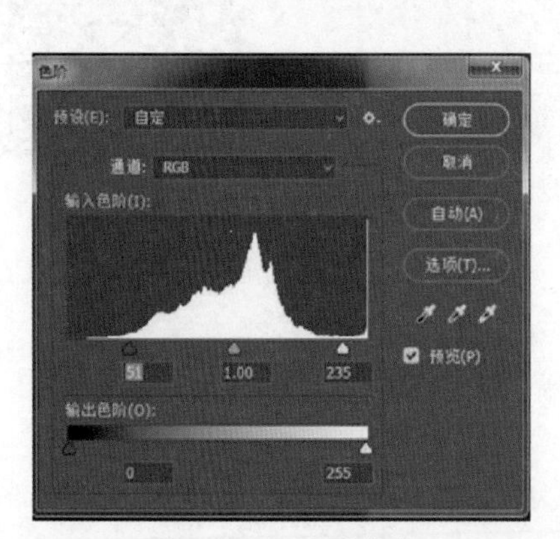

图 3–1–3 设置色阶

图 3–1–4 设置色阶后的效果

5. 绘制边框

使用“矩形选框工具”绘制一个矩形选区框，单击“添加到选区”按钮，绘制另一个矩形，使得两个矩形相连接，得到“L”形选区，对此选区填充“白色”。依次做出另外的边框，填充相应的颜色，如图 3–1–5 所示。

6. 添加底部文字

（1）新建图层，使用“矩形选框工具”按住【Shift】键绘制正方形选区框，选择“编辑”→“描边”命令，打开“描边”对话框，宽度设为“2 像素”，如图 3–1–6

所示。使用“直线工具”绘制交叉线，得到一个“田字格”，再复制出两个“田字格”，效果如图 3–1–7 所示。

图 3–1–5　绘制边框

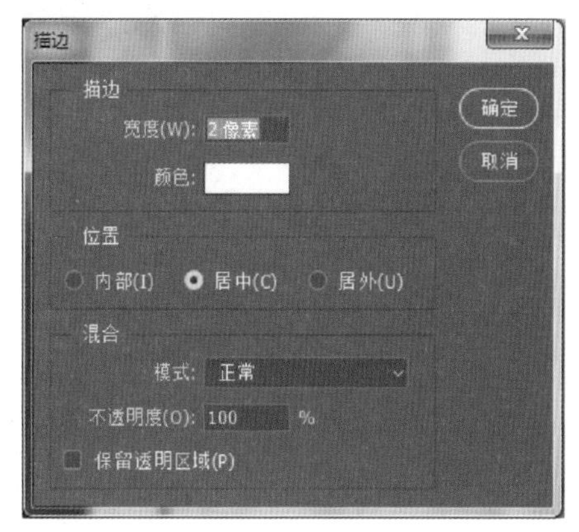

图 3–1–6　“描边”对话框

（2）使用“横排文字工具”，输入标题“新同学”，设置文字字体为“方正舒体”，大小为 78 pt，并单击“图层样式”按钮，添加“投影”效果，如图 3–1–8 所示。

图 3–1–7　田字格效果

图 3–1–8　输入文字并设置“投影”效果

7. 添加侧边文字

使用“横排文字工具”，输入英文 The New Classmate，字体为 Microsoft YaHei UI，大小为 24 pt，按住【Ctrl+T】组合键，旋转文字。使用“竖排文字工具”，输入右侧广告文字，调整其颜色与大小。最终效果见图 3–1–1。

任务二　设计西餐店开业海报

任务描述

本任务是设计与制作西餐店的开业宣传海报。通过本任务的学习，掌握用文字工具、魔棒工具、选框工具和图层样式设计制作“美味西餐”的开业宣传海报。最终效果如图 3–2–1 所示。

设计西餐店开业海报视频

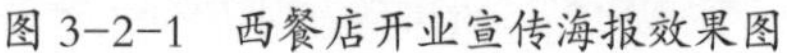
图 3-2-1　西餐店开业宣传海报效果图

重点和难点

重点：文字工具、魔棒工具、选框工具、图层样式的使用。

难点：根据不同的图像特点选择相适应的抠图工具。

方法与步骤

1. 新建画布

选择“文件”→“新建”命令，打开“新建”对话框。设置预设详细信息为“西餐店开业海报 .psd”，宽度为 17 厘米，高度为 25 厘米，分辨率为 300 像素 / 英寸，颜色模式为 RGB，单击“确定”按钮。

2. 置入背景图片

选择“文件”→“置入嵌入对象”命令，置入所需要的海报背景“背景 .jpg”，调整背景图片的大小，并按【Enter】键确定。

3. 添加图片

（1）打开图片“牛排 .jpg”，选中图片，将其拖动到“西餐店开业海报 .psd”。使用“魔棒工具”点击图片灰色部分，按【Delete】键删除灰色部分。重命名图层为“牛排”，调整图片位置。

小贴士：按住空格键，当鼠标光标变成“手形”时拖动鼠标，将图像拖动到画布的底端，可以查看图片的位置。

（2）对“牛排”图层添加图层样式效果，单击“图层”面板中的“添加图层样式”按钮fx，调整其不透明度、距离、扩展、大小，参数设置如图 3-2-2 所示。

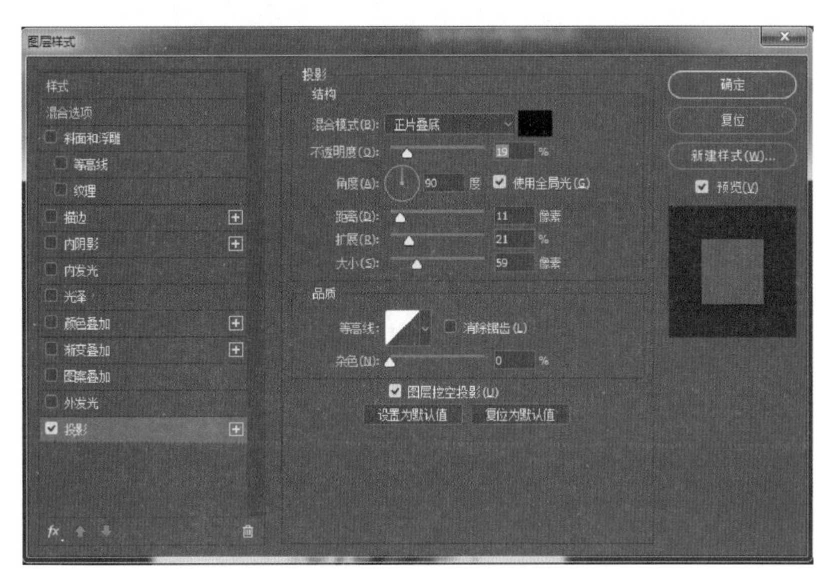

图 3-2-2 “图层样式”对话框

修改后的效果如图 3-2-3 所示。

图 3-2-3 修改后的效果

4. 添加中间矩形形状

（1）单击“图层”面板中的“新建图层”按钮，新建名为“矩形”的图层。

（2）单击“矩形选框工具”，在“矩形”图层上绘制出一个矩形，并单击“油漆桶工具”，设置前景色为天蓝色（R85,G186,B209），进行颜色填充，如图 3-2-4 所示。用鼠标拖动图层，调整图层的前后位置。

图 3-2-4　拾色器

5. 添加装饰图片

（1）添加刀叉素材图片。添加素材图片“刀叉组合.png”，按住【Ctrl+T】组合键自由变换调整其大小及位置。

（2）添加柠檬素材图片。添加素材图片“柠檬.png”，调整其位置到右上角。复制柠檬所在的图层，调整其大小及位置。

（3）添加番茄酱素材图片。添加素材图片“番茄酱.png”，调整其大小及位置。

（4）添加套餐素材图片。添加素材图片“套餐.jpg”。利用“矩形选框工具”选择需要的图片区域，复制、粘贴到“西餐店开业海报.psd”。再用“魔棒工具”将其设置为“添加到选区”，选择需要去除的选区，不断添加去除选区，如图 3-2-5 所示。再按【Delete】键删除多余部分，移动其位置及大小，整体效果如图 3-2-6 所示。

图 3-2-5　选择白色区域

图 3-2-6　删除白色区域

（5）如上步骤，利用“魔棒工具”或者“椭圆选框工具”，添加另外两个图片素材，调整大小和位置，如图 3-2-7 所示。

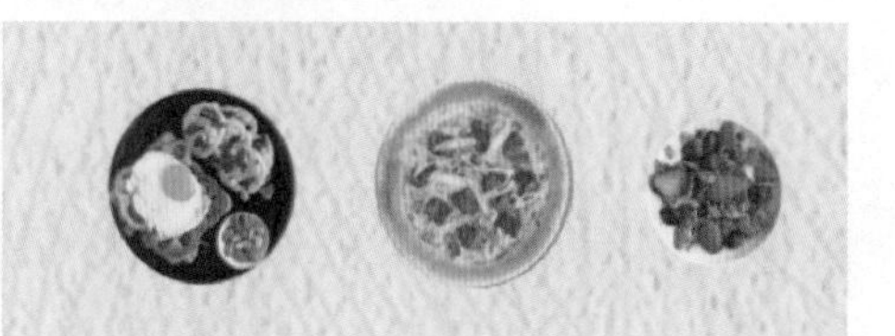

图 3-2-7　抠图后效果

6. 添加标题文字

（1）输入标题文字。使用“横排文字工具”，输入文字“美味西餐”，设置字体为“方正舒体”，大小为 100 pt，字体颜色为“黑色”。

（2）对文字添加图层样式。单击“图层”面板中的“图层样式”按钮 fx，在打开的“图层样式”对话框中选择“斜面和浮雕”效果，如图 3-2-8 所示。添加“描边”效果，图 3-2-9 所示。

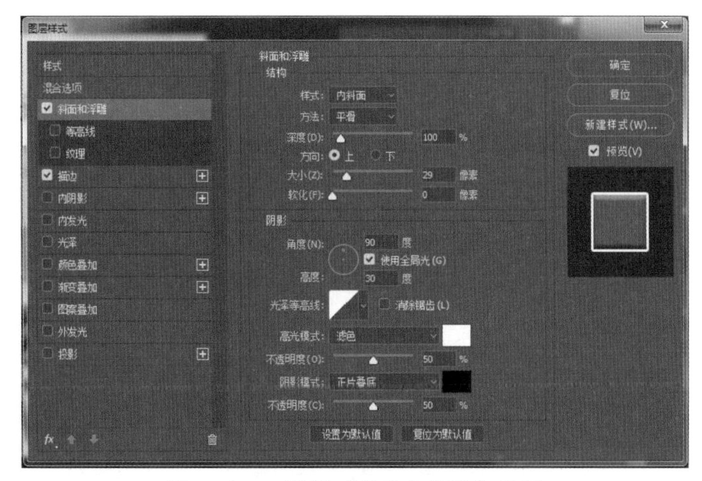

图 3-2-8　设置“斜面和浮雕”效果

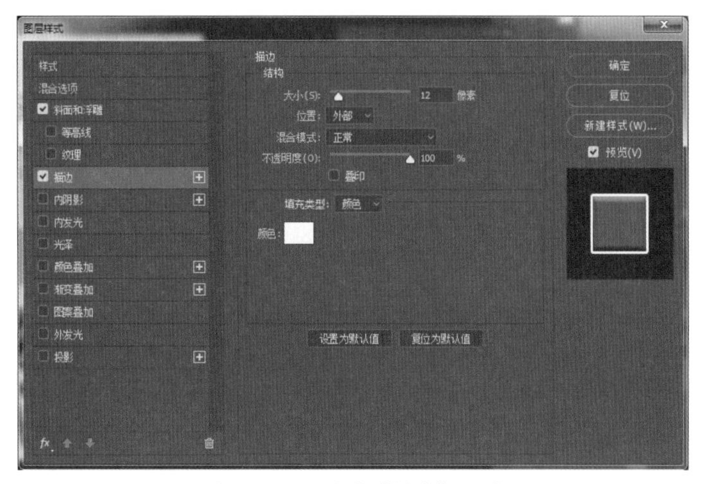

图 3-2-9　设置“描边”效果

文字整体效果如图 3-2-10 所示。

图 3-2-10　文字效果

7. 添加“新店开业”标题

（1）按住【Shift】键的同时，使用“矩形选框工具”绘制出一个正方形，使用“油漆桶工具”填充一个“蓝色”的正方形框。

（2）输入文字。使用“横排文字工具”，输入文字“新店开业”，按【Enter】键设置为两行效果，文字字体为“幼圆”，字体为 48 pt，再对其添加“投影”的图层样式效果，设置参数如图 3-2-11 所示。

图层样式
样式
混合选项
投影
结构
确定
复位
新建样式(W)...
预览(V)
品质
设置为默认值
复位为默认值

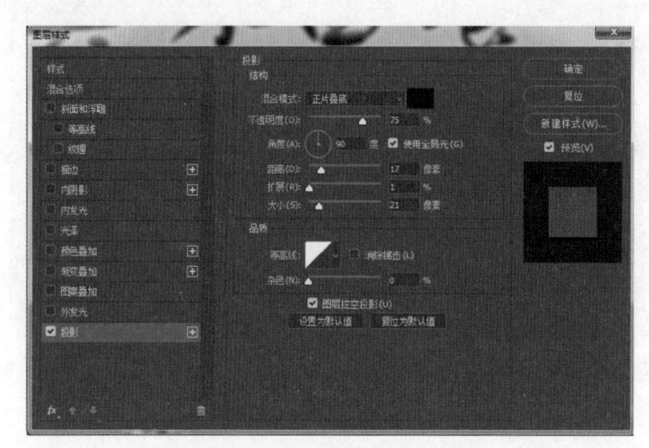

图 3-2-11 设置“投影”效果

文字最终效果如图 3-2-12 所示。

新店
开业

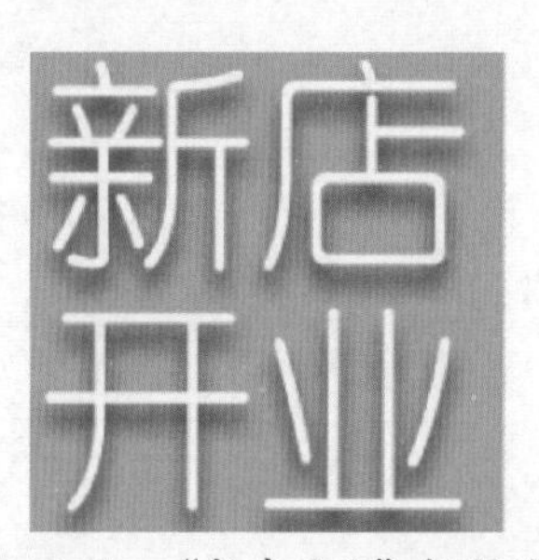

图 3-2-12 “新店开业”标题效果

8. 添加上部促销文字

使用“横排文字工具”输入广告词，文字整体排版效果如图 3-2-13 所示。

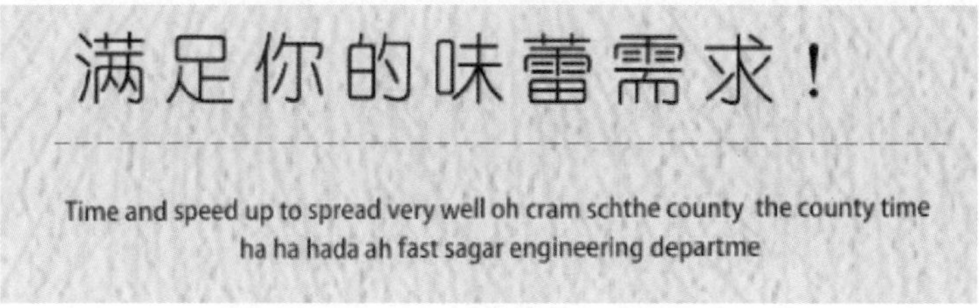

满足你的味蕾需求！
Time and speed up to spread very well oh cram schthe county the county time
ha ha hada ah fast sagar engineering departme

图 3-2-13 上部促销文字效果

小贴士：每一个对象图像图层都要独立分开，图层分开可以更方便地自由编辑效果。

（1）“满足你的味蕾需求！”字体为“幼圆”，字号为 8 pt。

（2）“Time and speed up to……”字体为 Arial，字号为 21 pt。

（3）虚线条。虚线条可以用短横线“—”来制作，字体为“宋体”，字号为 10 pt。

9. 添加中部促销文字

使用“横排文字工具”T输入文字，整体效果如图 3-2-14 所示。

图 3-2-14　中部促销文字效果

（1）FRESHLY 字体为 Book Antiqua，字号为 16 pt。

（2）SOUEZED PINEAPPLE JUICE 字体为 Acumin Variable Concept，字号为 6 pt。

（3）“新鲜”字体为“微软雅黑”，字号为 22 pt。

（4）“势不可挡”字体为“微软雅黑”，字号为 18 pt。

（5）“健康……”字体为“黑体”，字号为 10 pt。

（6）“THE EVENT IS……”字体为 Arial，字号为 5 pt。

（7）使用“矩形选框工具”、“椭圆选框工具”绘制矩形及圆形背景并填充相应的颜色。

10. 保存与导出

最后将完成的作品保存为“美味西餐 .psd”源文件，导出为“美味西餐 .jpg”图片文件。保存为源文件可以再次修改，图片文件则可以方便给客户查看。

最终效果见图 3-2-1。

任务三　设计汽车展览招贴

任务描述

本任务是设计与制作汽车展览招贴设计。通过本任务的学习，掌握文字工具、魔棒工具、图层样式、路径工具和蒙版设计制作“汽车展览”的招贴。最终效果如图 3-3-1 所示。

图 3-3-1　汽车展览招贴效果图

设计汽车展览招贴视频

重点和难点

重点：文字工具、魔棒工具、蒙版工具、图层样式的使用。

难点：运用路径工具调整文字形状。

方法与步骤

1. 新建画布

选择“文件”→“新建”命令，打开“新建”对话框。设置预设详细信息为“汽车展览招贴 .psd”，设置宽度为 17 厘米、高度为 10 厘米，分辨率为 300 像素 / 英寸，颜色模式为 RGB，单击“确定”按钮。

2. 置入背景图片

选择“文件”→“置入嵌入对象”命令，置入所需要的海报背景“背景底 .jpg”，调整背景图片的位置，并按【Enter】键确定。

3. 添加图片素材

添加“汽车 1.png”、“汽车 2. png”、“快速背景 .png”和“动轮 .png”图片，调整其先后图层位置及图片大小。

4. 添加“速度盘面”部分图片素材

（1）打开“速度盘面 .jpg”，利用“魔棒工具”单击白色区域，选择“选择”→“反选”命令，对选中的图片进行复制、粘贴到“汽车展览招贴 .psd”中。

小贴士：选择白色区域时，“魔棒工具”要选中“连续”，这样可以选择连续的白色区域。

（2）单击“图层”面板底部“添加图层蒙版”按钮，对此图层添加蒙版如图 3–3–2 所示。

图 3–3–2　添加蒙版

（3）使用“画笔工具”，设置前景色为“黑色”，右击，调整画笔的大小及硬度，参数设置如图 3–3–3 所示。再选中蒙版，在蒙版上用画笔涂抹不需要的图片部分，如图 3–3–4 及图 3–3–5 所示。

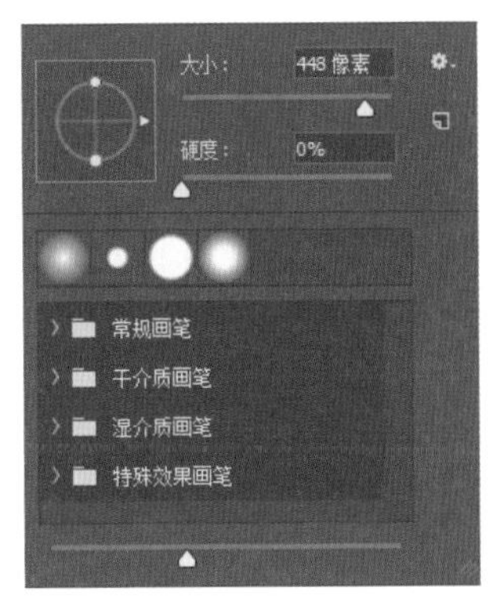

图 3–3–3　调整画笔工具的大小和硬度

图 3–3–4　蒙版效果

图 3–3–5　图片添加蒙版后的效果

小贴士：如果涂抹过度，不小心把需要的部分涂抹了，可以再把前景色调整为“白色”，对蒙版进行涂抹，就可以把去除的图片恢复回来。

（4）调整图片的混合模式为“颜色加深”，填充为 36%，如图 3–3–6 所示。

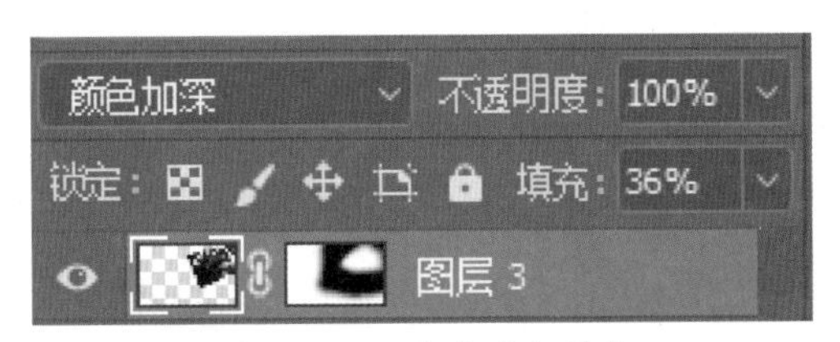

图 3–3–6　更改混合模式

（5）置入“光晕”图片，单击“添加图层蒙版”按钮在蒙版上进行涂抹，调整光晕的大小，如图 3–3–7 及图 3–3–8 所示。

图 3–3–7　添加光晕

图 3–3–8　对光晕添加蒙版

5. 添加广告文字

（1）使用“横排文字工具” 输入文字“擎动世界　势不可挡”，字体为“微软雅黑”。“擎”与“势”两字大小为 30 pt，其余为 26 pt，全部字体都设置“加粗”。选中文字图层，选择“编辑”→“变换”→“斜切”命令，设置文字倾斜效果，如图 3-3-9 所示。

图 3-3-9　输入文字

（2）选中文字图层，右击，选择“创建文字路径”命令。将“路径选择工具” 切换到“直接选择工具” ，调整个别点的位置，如图 3-3-10 ~ 图 3-3-12 所示。

小贴士：此时文字已经转换为路径，可以在路径面板看到文字的路径。

（3）调整完路径点之后，在“路径”面板双击文字路径，保存此路径。

图 3-3-10　“擎”字调整

图 3-3-11　“势”字调整

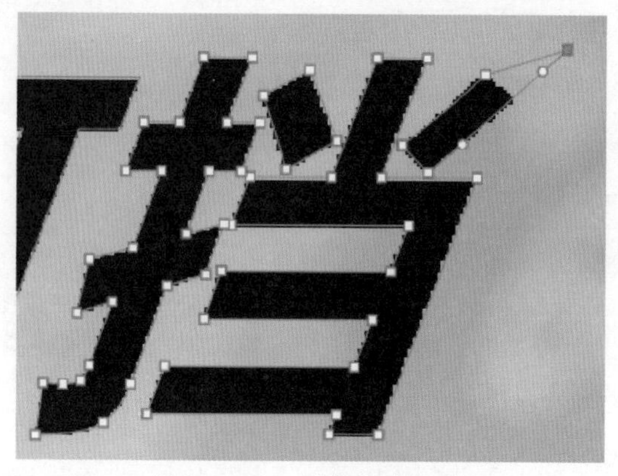

图 3-3-12　“挡”字调整

（4）单击“路径”面板中的“将选区作为路径”载入按钮，在“图层”面板中新建图层，填充为“白色”文字，然后进行取消选择、取消路径选择，并隐藏之前的文字图层，效果如图 3–3–13 所示。

图 3–3–13　白色文字

（5）单击“图层样式”按钮对文字图层添加渐变叠加样式，参数设置如图 3–3–14 所示，文字效果如图 3–3–15 所示。

（6）用“魔棒工具”选择文字，选择“选择”→“修改”→“扩展”命令，扩展为“10 像素”。新建图层，对此选区填充白色，再调整图层的位置，如图 3–3–16 所示。

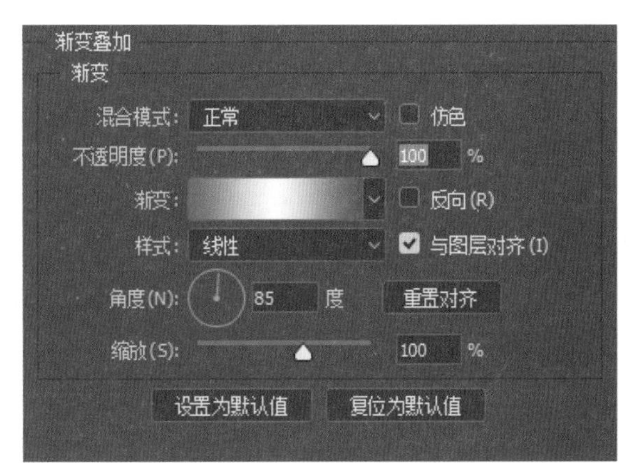

图 3–3–14　设置渐变叠加参数

图 3–3–15　文字渐变叠加效果

（7）复制渐变文字图层，设置图层样式的颜色叠加为“黑色”，调整其图层位置，效果如图 3–3–17 所示。

图 3-3-16　扩展文字的图层位置

图 3-3-17　文字最终效果

（8）添加文字“相信自己　有我就有路”。

使用“横排文字工具” T 输入文字“相信自己　有我就有路”，字体为“华文琥珀”，大小为 20 pt，打开“字符”面板，设置行间距如图 3-3-18 所示，字体颜色如图 3-3-19 所示。选择“编辑”→“自由变换”命令，旋转文字，最终文字效果如图 3-3-19 所示。

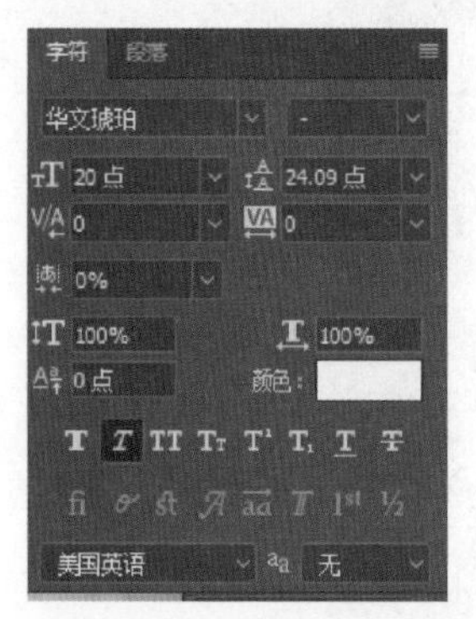

图 3-3-18　“字符”面板

图 3-3-19　输入文字并设置文字效果

最终效果见图 3-3-1。

任务四　设计动态商场促销招贴

任务描述

本任务是设计与制作动态商场促销招贴设计。通过本任务的学习，掌握用钢笔工具、文字工具、3D 效果、色相的调整设计制作动态招贴。最终效果如图 3-4-1 所示。

设计动态商场促销招贴视频

图 3-4-1　动态商场促销招贴效果图

重点和难点

重点：钢笔工具、文字工具、3D 效果的使用以及色相的调整。

难点：制作商场促销图动态效果。

方法与步骤

1. 新建画布

选择“文件”→“新建”命令，打开“新建”对话框。设置预设详细信息为“动态商场促销招贴 .psd”，宽度为 17 厘米，高度为 10 厘米，分辨率为 300 像素 / 英寸，颜色模式为 RGB，单击“确定”按钮。

2. 创设背景效果

在背景图层上填充背景色为 #2dc2fb。选择“视图”→“标尺”命令，拉出一条横线和竖线，相交于中心点。

新建图层，使用“钢笔工具”，模式为“路径”，绘制出一个三角形，如图 3-4-2 所示。双击此路径，保存路径为“路径 1”，并将此路径转换为选区，填充颜色为 #6ad6ff。将制作好的图层复制一个，按住【Ctrl+T】组合键，调整图形的中心点位置为标尺相交的中心点，如图 3-4-3 所示，再进行旋转。按住【Ctrl+Alt+Shift+T】组合键将图像再次复制及粘贴，得到绚丽背景，如图 3-4-4 所示。

小贴士：【Ctrl+Alt+Shift+T】组合键的功能是复制加变换角度。最后将所有“光芒”图层合并为一个图层，以便减少冗余，方便后续操作。

再次复制一个“光芒”图层，并且按住【Ctrl+T】组合键旋转 15° 15 度，也就是现在有两个“光芒”图层，只是相差 15° （再隐藏该图层）。这样的操作为后续的动态图提供基础素材。

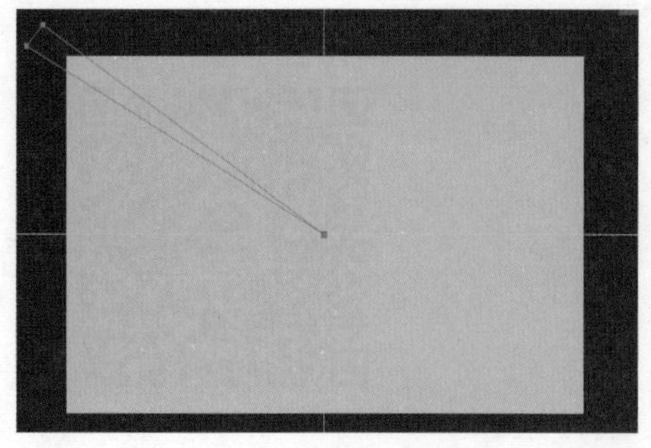

图 3-4-2 用钢笔绘制形状

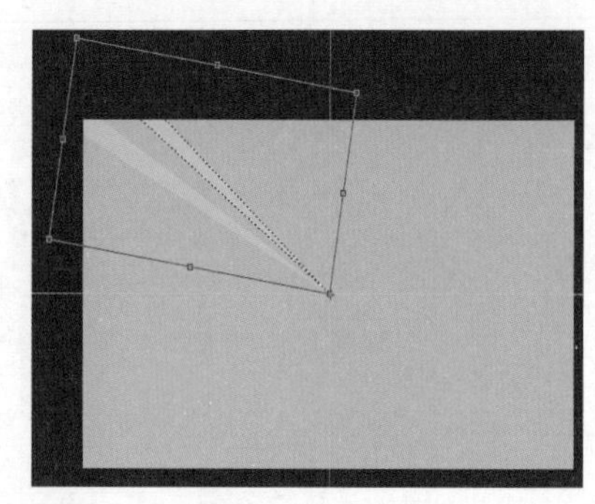

图 3-4-3 旋转

图 3-4-4 光芒效果

3. 制作中心圆形底图

新建图层，调整前景色为 #6ad6ff，将光标移动到中心点位置，再使用“椭圆工具”，按住【Alt+Shift】组合键用鼠标拖出一个以中心点为圆心的圆。单击“添加图层样式”按钮设置为“白色”描边，效果如图 3-4-5 所示。

新建图层，与之前使用相同方法绘制出一个以中心点为圆心的圆，设置填充色为 #088cbe，描边为 #e7ffad，比大圆的描边更粗一些，效果如图 3-4-6 所示。

图 3-4-5 外圆圈

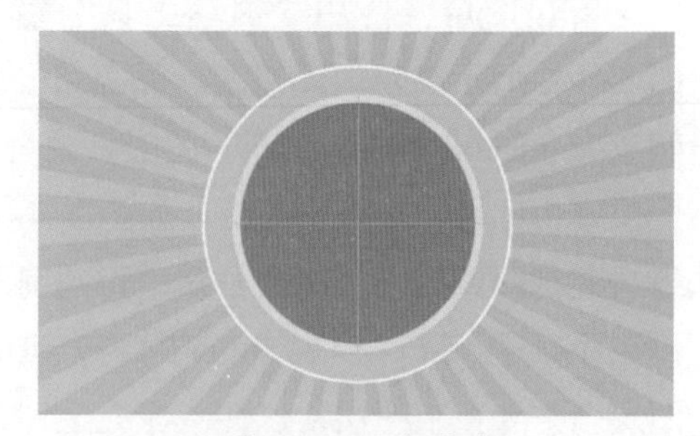

图 3-4-6 内圆圈

4. 添加城市底边效果

打开“城市 .jpg”并进行复制，调整其大小，让其排列在整个底边，然后合并这些图片。

将合并好的“城市”复制一层，单击“添加图层样式”按钮 ，设置颜色叠加为“白色”，移动其位置，使之与蓝色的城市错列排布，如图 3-4-7 所示。

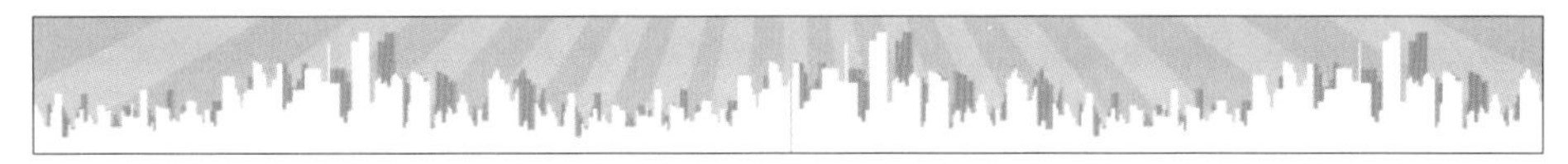

图 3-4-7　城市图

5. 处理气球素材

打开“气球 .png”素材，复制两份，并且错开排布，改变其中一份气球的色相，对其图层添加“创建新的填充或调整图层” 中的“色相”，调整其滑块，使得“气球”变成另一种颜色，效果如图 3-4-8 所示。

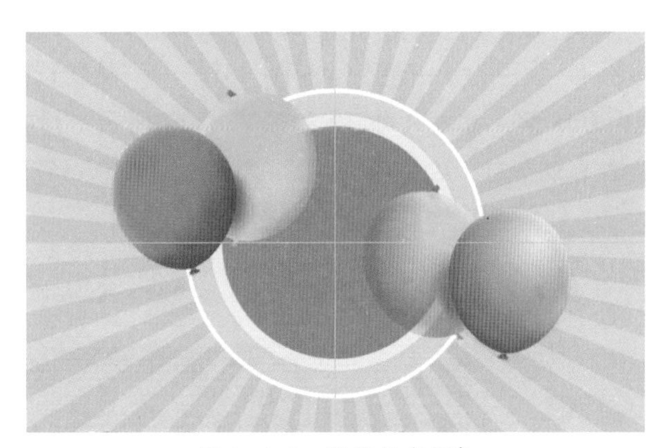

图 3-4-8　设置气球颜色

6. 添加文字“升级改造　惠利全城”

使用“横排文字工具” 输入文字“升级改造　惠利全城”，字体为“华文琥珀”，大小为 40 pt，颜色如图 3-4-9。设置图层样式中的描边为“白色”。

复制文字图层，调整文字颜色，如图 3-4-10 和图 3-4-11 所示，为后续动态图提供基础素材。

图 3-4-9　红色文字

图 3-4-10　蓝色文字

图 3-4-11　黄色文字

7. 制作 3D 文字“夏日促销 | 全场会员 | 上新促销”

使用“横排文字工具” T 输入文字“夏日促销 | 全场会员 | 上新促销”，字体为“微软雅黑”，大小为 12 pt，颜色为“白色”。选择“3D”→“从所选图层新建 3D 模型”命令，所有设置均为默认值，如图 3-4-12 和图 3-4-13 所示。设置完成后，单击任意工具栏即可跳出 3D 界面。

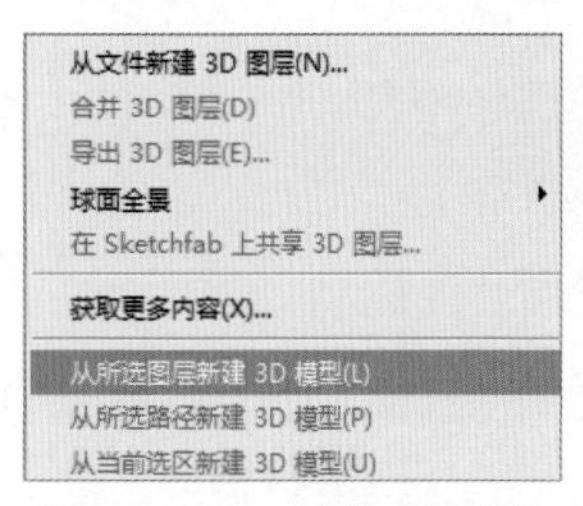

图 3-4-12　创建 3D 效果

图 3-4-13　文字 3D 效果

小贴士：此时会看见新增的 3D 面板，与图层、路径在一起。

8. 添加装饰图片

添加“热气球 .png”装饰图片。绘制多个“热气球”图片，大小不一，为后续动图提供基础素材，如图 3-4-14 所示。

图 3-4-14　添加热气球

9. 制作动态效果

选择“窗口”→“时间轴”命令，在底部时间轴中新建 3 帧，单击“图层”面板中的“图层可见性”按钮，显示或隐藏图片，每帧效果如图 3-4-15 所示。

（a）第一帧

（b）第二帧

（c）第三帧

图 3-4-15 每帧的图像画面设置

小贴士：在 Photoshop 中制作动态图，在制作每一帧动画时，只要隐藏或显示画面内容，就可以做出动态图。

更改时间为“1 秒”，设置播放次数为“永远”，如图 3-4-16 所示。

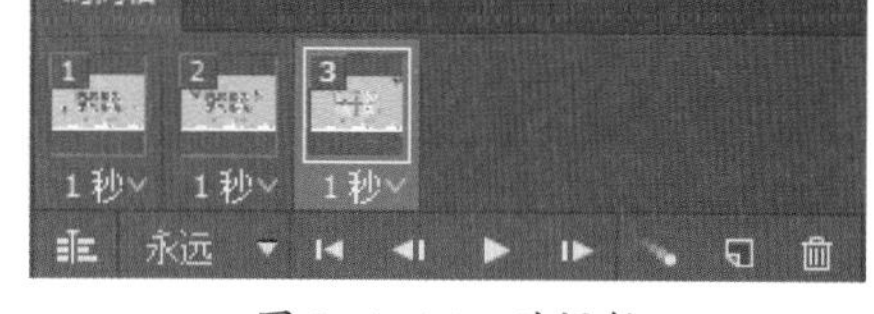

图 3-4-16 时间轴

10. 保存与导出

保存文件为“动态商场促销招贴 .psd”，选择“文件”→“存储为 Web 所用格式”命令，设置 GIF 格式（见图 3-4-17），单击“存储”按钮，弹出“将优化结果存储为”对话框，将文件名称设置为“动态效果”，如图 3-4-18 所示，单击“保存”按钮保存图片，通过浏览器查看 GIF 动画效果。

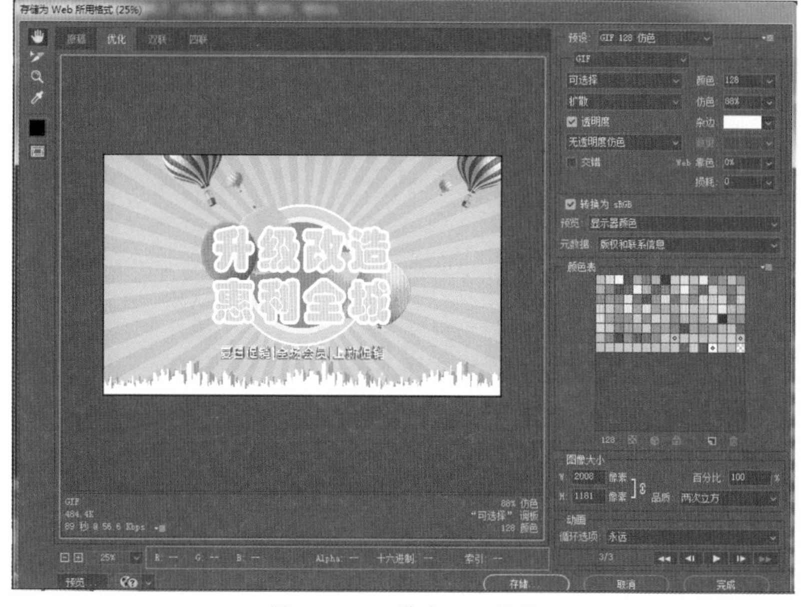

图 3-4-17 导出 GIF 格式

图 3-4-18 “将优化结果存储为”对话框

知识与技能

1. 选择工具

(1)魔棒工具

“魔棒工具” 是 Photoshop 中一种比较快捷的抠图工具，对于一些分界线比较明显的图像，可以通过魔棒工具快速抠出图像。“魔棒工具” 选项栏如图 3-5-1 所示。

图 3-5-1 魔棒工具选项栏

◎ ：4 种选择方式，即“新选区”、“添加到选区”、“从选区减去”和“与选区相交”。

◎ 容差：指所选取图像的颜色接近度，也就是说容差越大，图像颜色的接近度就越小，选择的区域就相对变大。

◎ 连续：指选择图像颜色时只能选择一个区域当中的颜色，不能跨区域选择。若选中“连续”，则图像中所有颜色相近的不连续图像都可以一起选中。

◎ 对所有图层取样：选中此选项，整个图层当中相同颜色的区域都会被选中，若未选中，则只会选中单个图层的颜色。

◎ 魔棒的 4 种选择状态：新建选区 、添加到选区、从选区中减去、与选区交叉。可以充分利用这 4 种方法相结合选出所要用的图像。

（2）套索工具

“套索工具” 对于绘制选区边框的手绘线段十分有用。使用“套索工具” 在图像中适当的位置单击并按住鼠标不放，拖动鼠标在图像的周围进行绘制，松开鼠标选择区域自动封闭成选区。“套索工具”选项栏如图 3–5–2 所示。

图 3–5–2　套索工具选项栏

◎ 羽化：用于设置选区边缘的羽化程度。

◎ 消除锯齿：用于清除选区边缘的锯齿。

（3）选框工具

可以绘制一个选区，选框工具如图 3–5–3 所示。

图 3–5–3　选框工具

◎ 矩形选框工具：可以建立一个矩形选区，使用【Shift】键可建立正方形选区。

◎ 椭圆选框工具：可以建立一个椭圆形选区，使用【Shift】键可建立圆形选区。

◎ 单行选框工具：将边框定义为宽度为 1 像素的行。

◎ 单列选框工具：将边框定义为宽度为 1 像素的列。

2. 图层样式

“图层样式” 是指在图层中添加样式效果，内置效果主要有以下 10 种：斜面和浮雕、描边、内阴影、内发光、光泽、颜色叠加、渐变叠加、图案叠加、外发光和投影。图层样式选项如图 3–5–4 所示。

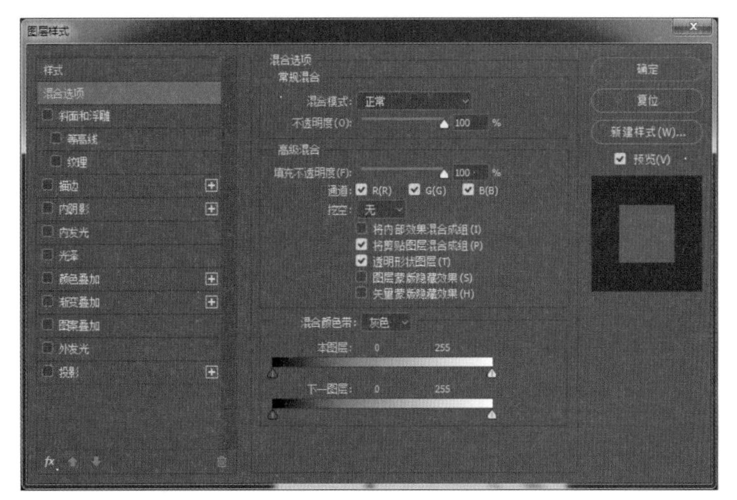

图 3–5–4　“图层样式”对话框

图层样式效果，如图 3–5–5 所示。

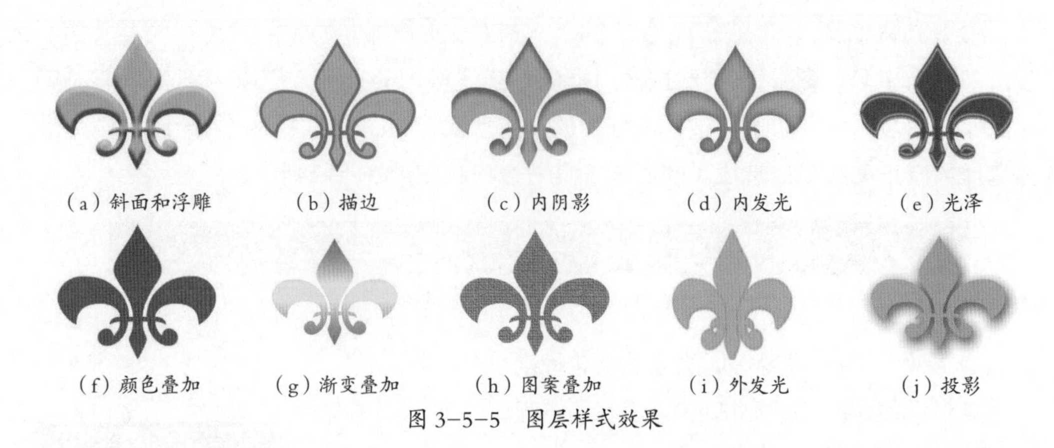

图 3-5-5　图层样式效果

（1）斜面和浮雕

使用“斜面和浮雕”命令，可以为图像添加立体浮雕效果。在“斜面和浮雕”界面的“样式”下拉列表中可以选择添加浮雕的样式，包括外斜面、内斜面、浮雕效果、枕状浮雕和描边浮雕。在“方法”下拉列表中可以选择平滑、雕刻清晰和雕刻柔和 3 种不同的雕刻效果。

（2）描边

使用“描边”命令，可以为图像添加描边效果。描边的位置可以调整为外部描边、内部描边和中部描边。同时也可以设置描边的颜色为单色、渐变或图案效果。

（3）内阴影

使用“内阴影”命令，可以为图像添加内阴影效果。内阴影效果让图像产生凹陷到背景中的感觉。各项参数含义如下：

◎ 混合模式：用来设置在图层中添加内阴影的混合效果。

◎ 颜色：用来设置内阴影的颜色。

◎ 不透明度：用来设置内阴影的透明程度。

◎ 角度：用来设置光源照射下内阴影产生的角度。

◎ 使用全局光：选中此选项，则图层中所有的样式都使用同一个方向的光源。如果取消选择“使用全局光”，则设置的光照角度将成为“局部的”并且仅应用于该效果。

◎ 距离：用来设置内阴影与图像间的距离。

◎ 阻塞：模糊之前收缩内阴影的杂边边界。

◎ 大小：用来设置内阴影的模糊范围，数值越大，范围越广，也就越模糊；数值越小，则效果相反。

◎ 等高线：用来控制内阴影的外观形状。单击等高线右侧的箭头，可以选择相应的内阴影样式，也可以自定义等高线形状。

◎ 消除锯齿：选中此项，可以消除内阴影中的锯齿，增加内阴影的平滑度。

◎ 杂色：用来添加内阴影的杂色，数值越大，杂色越多。

（4）内发光

使用“内发光”命令，可以为图像添加边缘向内的发光效果。在内发光界面中，若选中“居中”按钮，发光效果就会从图像或文字的中心向边缘扩散；若选中“边缘”按钮，发光效果就从图像或文字的边缘向中心扩散。

（5）光泽

使用“光泽”命令，可以为图像添加光源照射的光泽效果。

（6）颜色叠加

使用“颜色叠加”命令，可以为图像添加一种自定义颜色。

（7）渐变叠加

使用“渐变叠加”命令，可以为图像添加一种自定义的渐变颜色或预设的图案。

（8）图案叠加

使用“图案叠加”命令，可以为图像添加一种自定义或预设的图案。

（9）外发光

使用“外发光”命令，可以为图像添加边缘产生向外发光的效果。

（10）投影

使用“投影”命令，可以为图像添加阴影效果。

3. 文字工具

Photoshop 中“文字工具”分为 4 种：“横排文字工具”、“直排文字工具”、“直排文字蒙版工具”和“横排文字蒙版工具”。4 种文字工具如图 3-5-6 所示。

◎ 横排文字工具：创建一个横排的文字段落。

◎ 直排文字工具：创建一个竖排的文字段落。

◎ 直排文字蒙版工具：与直排文字工具不同的是创建的文字只有文字的外形，不具有文字的属性，也不会生成一个独立的文字图层，可以看作一个竖排文字的外边框选区。

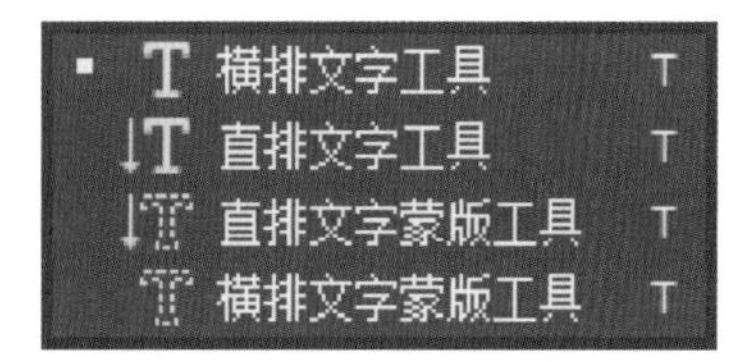

图 3-5-6　文字工具

◎ 横排文字蒙版工具：与直排文字蒙版工具类似，是一个横排文字的外边框选区。

文字工具选项栏如图 3-5-7 所示。

图 3-5-7　文字工具选项栏

◎ Book Antiqua ：设置字体，如楷体、微软雅黑等。

◎ ：设置西文字体粗细。

◎ ：设置字体大小。

◎ ：设置字体的表现形式。

◎ ：设置文本的对齐方式。

◎ ：设置文本的颜色。

◎ ：创建文本的变形。

◎ ：设置文字段落的参数。

4. 时间轴

在 Photoshop CC 2018 中可以创建逐帧动画，只需要使用“时间轴”和“图层”面板，确保“时间轴”面板处于帧动画模式，如图 3-5-8 所示。单击“时间轴”面板中间的“复制所选帧”，则“新建的帧”可以用于创建动画。

◎ ：转换为视频时间轴。

◎ ：为每个帧指定延迟时间，可以设置为“一次”“三次”“永远”“其他”，并指定循环以让动画运行一次、运行一定的次数或连续运行。

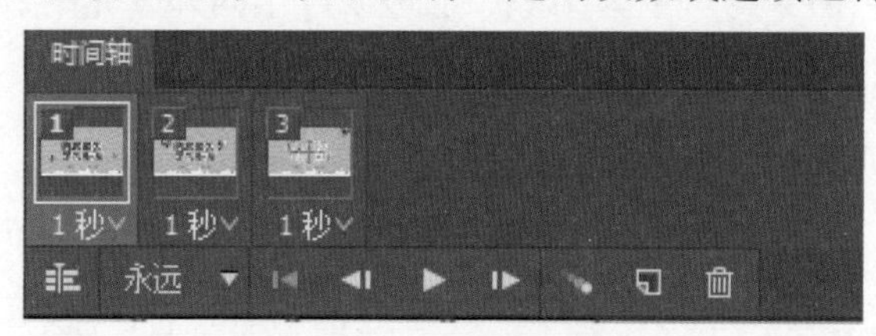

图 3-5-8　创建逐帧动画

◎ ：要将过渡应用到特定图层，可在“图层”面板中选择它。

◎ 预览：可在创建动画时使用“时间轴”面板中的控件播放动画。然后，在 Web 浏览器中预览动画。也可以在“存储为 Web 所用格式”对话框中预览动画。

◎ 保存：可以使用“存储为 Web 所用格式”命令将动画存储为 GIF 格式，或者使用“渲染视频”命令将动画存储为图像序列或视频。也可以用 PSD 格式存储动画，此格式的动画可导入到 After Effects 中。

5. 海报的分类

海报按其应用不同大致可以分为商业海报、文化海报、电影海报和公益海报等。

（1）商业海报

商业海报是指宣传商品或商业服务的商业广告性海报。商业海报的设计，要恰当地配合产品的格调和受众对象。

（2）文化海报

文化海报是指各种社会文娱活动及各类展览的宣传海报。展览的种类很多，不同的展览都有其各自的特点，设计师需要了解展览和活动的内容才能运用恰当的方法表现其内容和风格。

（3）电影海报

电影海报是海报的分支，主要起到吸引观众注意、刺激电影票房收入的作用，与戏剧海报、文化海报等有几分类似。

（4）公益海报

社会公益海报是带有一定思想性的。这类海报具有特定的对公众的教育意义，其海报主题包括各种社会公益、道德的宣传，或政治思想的宣传，弘扬爱心奉献、共同进步的精神等。

6. 海报标准尺寸

海报如果要进行印刷，分辨率需要在300 dpi，图像模式为RGB或者CMYK均可。以下为海报常见尺寸：13 cm × 18 cm、19 cm × 25 cm、42 cm × 57 cm、50 cm × 70 cm、60 cm × 90 cm、70 cm × 100 cm。其中，最常见的海报尺寸为：42 cm × 57 cm、50 cm × 70 cm。

易拉宝是线下流行的海报展示模式。易拉宝宽度的尺寸高度一般不低于150 cm，现在已经有生产可调式易拉宝，就是为了方便调节高度；当然也可以用一般性的易拉宝，把支撑杆截成客户想要的尺寸。

易拉宝的标准尺寸：

◎ 国内客户需求的易拉宝常用标准尺寸是80 cm×200 cm，画面一般是78 cm×200 cm。

◎ 国外客户需求的易拉宝常用标准尺寸是85 cm×200 cm，画面一般是85 cm×200 cm。

易拉宝尺寸（宽 × 高）：60 cm×160 cm、80 cm×200 cm、85 cm×200 cm、90 cm×200 cm、100 cm×200 cm、120 cm×200 cm、150 cm×200 cm。

7. 制作海报的注意事项

（1）分图层制作

制作时不要经常性地合并图层，要保证图层文件的可更改性；同时保留文本图层或者矢量图层，有助于文件打印的质量。

（2）“黑色”使用CMYK色

印刷时纯黑色背景用CMYK四色（如C–30，M–10，Y–10，K–100）组成，以保证黑色背景亮丽准确。纯黑色文字则使用单色黑（C–0，M–0，Y–0，K–100），以保证文字能够在印刷时清晰。

（3）保存格式

提交制作的图像文件应该是没有合并图层的 PSD 或者 TIF 文件格式，不要将图存成 JPG 格式，特别是不要存成压缩率很高的 JPG 格式，否则会损失图片精细度。

拓展与提高

1. 开业宣传海报制作

请为“美味蛋挞”自行设计一份海报，海报宽为 17 cm，高为 25 cm，分辨率为 300 像素。效果图如图 3-6-1 所示。

2. 电影海报制作

请为“速度与激情 8 ”电影自行设计一份海报，海报宽为 17 cm，高为 25 cm，分辨率为 300 像素。效果图如图 3-6-2 所示。

图 3-6-1 “美味蛋挞”海报制作效果图

图 3-6-2 “速度与激情 8”电影效果图

附：学生作品欣赏

学生在学习 Photoshop 各工具后，发挥创造力，设计出如图 3-6-3 所示的作品。

（a）《哪吒》电影海报

（b）《流浪地球》电影海报

（c）《假面骑士》电影海报

（d）《小王子》电影海报

图 3-6-3　学生作品展示

项目四

包装设计

为了能对商品在流通过程中起到更好的保护作用，商品的外包装盒成了必不可少的配置。同时，为了促进对商品的宣传和销售，包装的设计也成了产品销售中很重要的一项构成。甚至为了好看的包装盒而购买产品的用户也不在少数。本项目主要讲解如何用 Photoshop CC 2018 来对产品进行外包装的设计，通过对香水的包装设计、茶叶盒的包装设计、光盘的包装设计以及膨化食品的包装设计，学会使用文字工具、钢笔工具、剪贴蒙版、画笔工具、通道等。

能力目标

◎ 能根据产品的特点，设计制作产品的外包装。

◎ 能使用钢笔工具绘制路径。

◎ 能使用各种形状绘图工具绘制图形。

◎ 能创建图层蒙版和剪贴蒙版。

◎ 能使用图层混合模式改变图像的显示效果。

◎ 能使用橡皮擦工具擦除图像内容。

◎ 能使用通道保存和载入选区。

素质目标

◎ 培养设计制作包装的规范意识。

◎ 培养对色彩和美学的感知意识。

任务一　设计香水包装

任务描述

本任务是利用钢笔工具、文字工具、形状绘图工具、剪贴蒙版、变换命令等设计制作香水的外包装盒以及宣传卡片，最终效果如图 4–1–1。

图 4–1–1　香水包装盒效果

设计香水包装视频

重点和难点

重点：能使用钢笔工具绘制路径。

难点：能使用形状绘图工具绘制和编辑图形。

方法与步骤

1. 香水包装平面设计

（1）选择“文件”→“新建”命令，打开“新建”对话框。设置预设详细信息为“香水包装平面图.psd”，设置宽度为 21 厘米，高度为 29.7 厘米，分辨率为 300 像素 / 英寸，颜色模式为 CMYK，背景内容为白色，单击“确定”按钮。选中“移动工具”，可以从标尺中拖动出参考线，然后在画布中设置如图 4–1–2 所示的参考线。

（2）使用“钢笔工具”沿参考线绘制包装盒的外轮廓路径。创建一个新图层，命名为“外轮廓线”。选中“画笔工具”，笔刷设置为“硬边圆”，大小为“5 像素”，设置前景色为“黑色”，打开“路径”面板，单击面板下方的“用画笔描边路径”按钮，绘制出包装盒的外边缘线，效果如图 4–1–3 所示。再创建一个新图层，命名为“折叠线”，将画笔的笔刷大小设置为“3 像素”，在要绘制的线段的起点处单击，然后按住【Shift】键的同时在线段的结尾处单击，这样就绘制好了一条直线，用相同的方法，绘制出包装盒上的所有折叠线，效果如图 4–1–4 所示。

（3）打开“路径”面板，选中面板中的工作路径，单击面板下方的“将路径作为选区载入”按钮，将路径转换为选区。然后在图层面板的“背景”图层上方创建一个新图层，命名为“包装盒区域”，并填充蓝色 #00ffff，效果如图 4-1-5 所示。

（4）置入素材文件“底图 .jpg”，并调整图像的大小。右击“底图”图层，选择“创建剪贴蒙版”命令，效果如图 4-1-6 所示。

图 4-1-2 设置参考线

图 4-1-3 绘制香水包装盒的外轮廓线

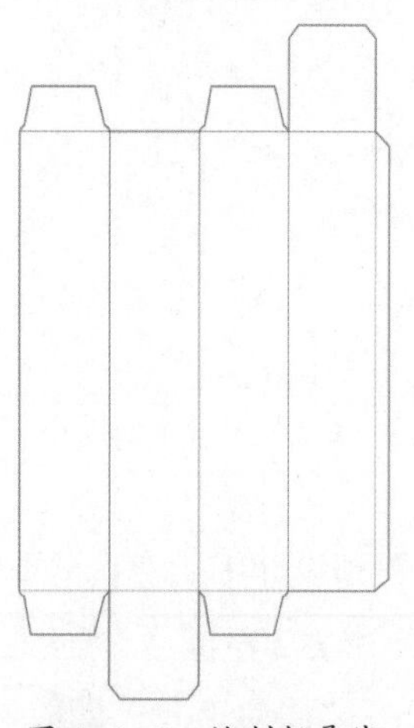

图 4-1-4 绘制折叠线

图 4-1-5 填充颜色

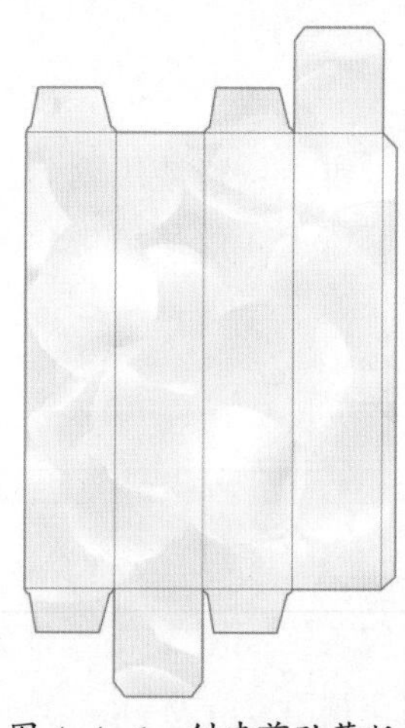

图 4-1-6 创建剪贴蒙版

（5）选中“矩形工具”，设置选项栏上的模式为“形状”，填充颜色为 f7c6d0，描边颜色为“无颜色”，在画布上绘制一个矩形，并在“图层”面板中将其命名为“弧边”。然后，选中“添加锚点工具”，在路径线上单击添加一个锚点，拖动新添加的锚点使原来的直线变成弧线，如图 4-1-7 所示。在“图层”面板中复制“弧边”图层，生成的“弧边拷贝”层垂直方向上略微缩小一点，填充“白色到粉色(#fa9cae)”的渐变，最终效果如图 4-1-8 所示。

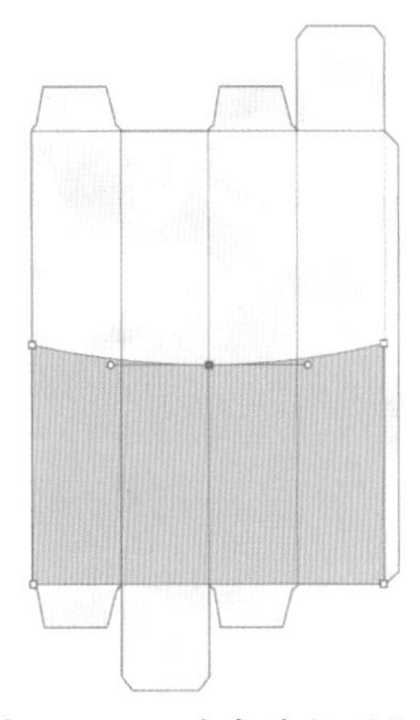

图 4-1-7　改变路径形状

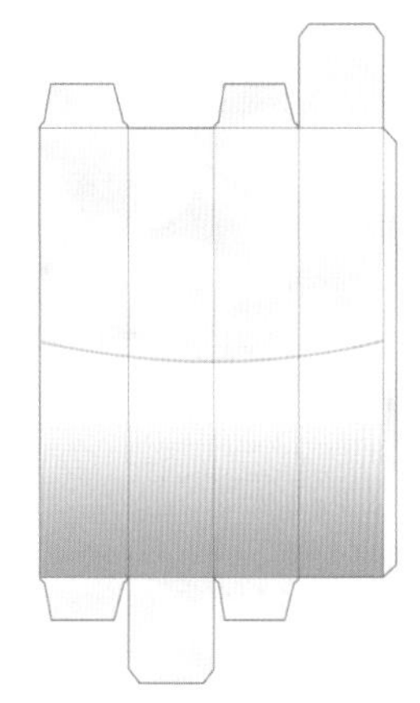

图 4-1-8　叠加“弧边”后的效果

（6）使用“横排文字工具”在包装盒正面的上方输入文字 Butterfly，在该区域的中间输入 Jade Butterfly Perfume，在该区域的下方输入“净含量：300 ml”和“中国传统工艺水仙香型”，分别对文字设置合适的字体和大小，如图 4-1-9 所示。使用“矩形工具”分别绘制两个矩形，描边设置不同的宽度，填充颜色设置“无颜色”。使用“自定义形状工具”，在选项栏上将模式设置为“形状”，填充颜色为“粉色 #ff7894 到透明色”的渐变，描边设置为“无颜色”，形状图案分别选择和，然后在正面区域合适位置绘制“花”和“蝴蝶”的形状，效果如图 4-1-10 所示。

（7）置入素材“条形码 .png”，调整图像大小到右侧面的合适位置。置入“环保标识标志元素 .jpg”，将图像调整到适当大小，并为该图层添加灰色（# 797979）的“颜色叠加”图层样式，效果如图 4-1-11 所示。

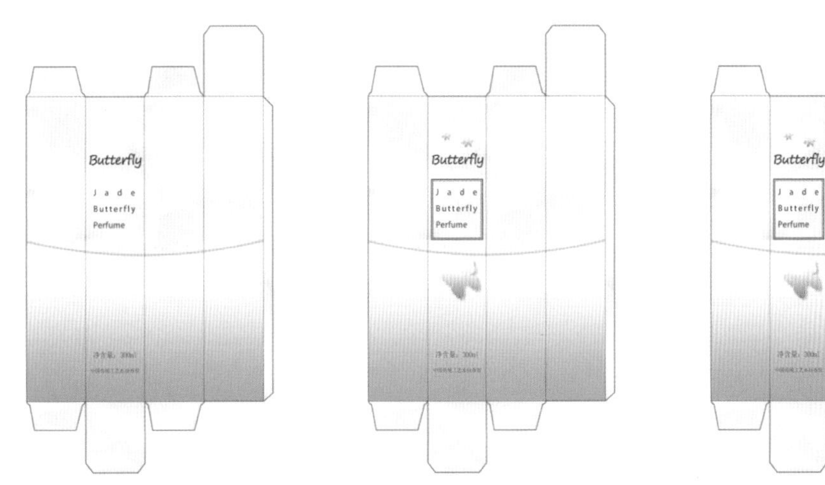

图 4-1-9　正面区域输入文字　图 4-1-10　绘制“花”和“蝴蝶”　图 4-1-11　右侧面的效果

（8）参照步骤（6）的方法，使用“横排文字工具”在包装盒的背面区域输入“净含量：300 ml”以及介绍文字，对文字设置合适的字体和大小，如图 4-1-12 所示。

（9）使用“横排文字工具” 在介绍文字的上方输入文字“蝴 / 蝶 / 香”设置合适的字体和字号，并为该涂层添加渐变色“玫红 #ff819a”到灰色“#80807a”的“颜色叠加”和“投影”图层样式。在“图层”面板中，找到正面区域绘制的“蝴蝶”所在的图层，将其复制一层，并缩小旋转新复制出的蝴蝶图案，移动到文字“蝴 / 蝶 / 香”上方，效果如图 4–1–13 所示。

（10）使用“自定义形状工具” ，在选项栏上将模式设置为“形状”，填充颜色为“灰色 #626262”，描边设置为“无颜色”，将形状分别选择©和®，然后在正面区域合适位置绘制“©”和“®”的形状，效果如图 4–1–14 所示。按【Shift+Ctrl+E】组合键，在顶层盖印图层，香水包装盒的展开图就制作完成了。

图 4–1–12　背面输入文字

图 4–1–13　背面输入标题

图 4–1–14　左侧面的图案

2. 制作香水包装立体效果

（1）选择“文件”→“新建”命令，打开“新建”对话框。设置预设详细信息为“香水包装立体效果 .psd”，设置宽度为 60 厘米，高度为 30 厘米，分辨率为 300 像素 / 英寸，颜色模式为 RGB，背景内容为“粉白色 #f7f4f9”，单击“确定”按钮。

（2）使用“矩形工具” 在画布的右半边绘制一个同画布一样高的矩形，在“属性”面板中将矩形的填充颜色设置为 #95b5df，描边颜色设置为“无颜色”，面板设置如图 4–1–15 所示。然后，在用矩形工具继续绘制一个比画布小一圈的矩形，“属性”面板中将矩形的填充颜色设置为“无颜色”，描边颜色设置为 #95b5df, 描边宽度为“10 点”，如图 4–1–16 所示。

（3）在“图层”面板中复制“矩形 2”图层，将生成的“矩形 2 拷贝”图层中的矩形，在“属性”面板中将描边颜色改为粉白色 #f7f4f9，其他参数不变。为“矩形 2 拷贝”图层添加图层蒙版，使用“矩形选框工具” 在画布左侧的白色区域拉一个矩形框，并填充黑色。“图层”面板效果如图 4–1–17 所示；画布上的背景效果如图 4–1–18 所示。

图 4-1-15 “属性”面板

图 4-1-16 绘制蓝色矩形和蓝色矩形框

图 4-1-17 “图层”面板

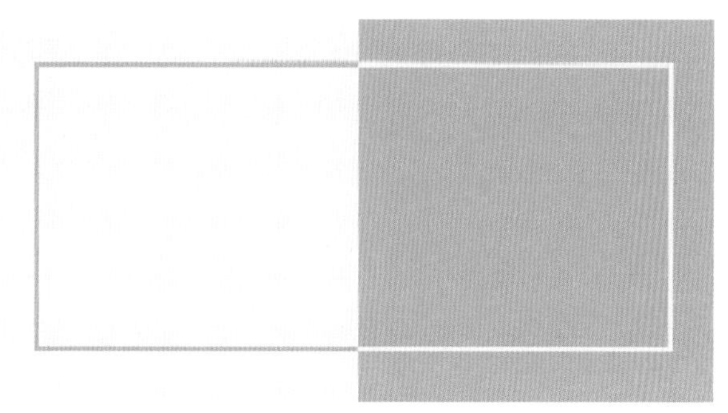

图 4-1-18 画布上的背景效果

（4）使用移动工具将“香水包装平面图 .psd”文件顶层的盖印图层移动到本文件中，使用“矩形选框工具”分别选中如图 4–1–19 所示的 3 个区域，并按【Ctrl+J】组合键将这 3 个区域分别复制到新图层中，命名为“顶层”、“正面”和“侧面”。

（5）对包装盒 3 个区域的图层分别选择“编辑 / 变换”菜单中的“缩放”、“斜切”和“扭曲”命令对图像进行变换，并为图层添加“投影”（不透明度 60%，距离和扩展为 0，大小为 1）的图层样式，移动到如图 4–1–20 所示位置。

图 4-1-19 复制的 3 个区域

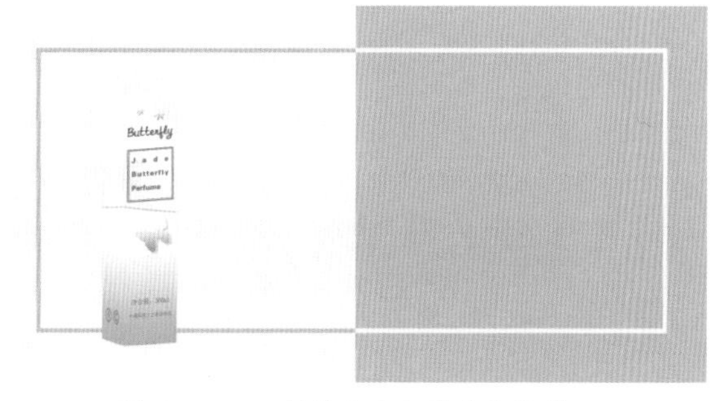

图 4-1-20 制作香水包装立体效果

（6）置入素材文件 “香水 .png”，移动到香水前面。使用“横排文字工具” 在画布右侧的蓝色区域输入广告文字，分别设置不同字体、字号和颜色，文字摆放错落有致。使用“矩形工具” 和“直线工具” 绘制线条和矩形，使画面看上去富有美感，最终效果如图 4–1–21 所示。

图 4–1–21　香水包装的最终效果

任务二　设计茶叶盒包装

任务描述

本任务是利用钢笔工具、文字工具、剪贴蒙版工具、画笔工具和渐变工具等设计制作茶叶盒的包装效果，最终效果如图 4–2–1 所示。

图 4–2–1　茶叶盒的包装效果

设计茶叶盒包装视频

重点和难点

重点：能使用变换命令对图像做变形处理。

难点：能使用渐变工具制作图像的明暗光影效果。

方法与步骤

1. 茶叶盒包装平面设计

（1）选择“文件”→“新建”命令，打开“新建”对话框。设置预设详细信息为“茶叶盒包装平面图.psd”，设置宽度为42厘米，高度为29.7厘米，分辨率为300像素/英寸，颜色模式为RGB，背景内容为“灰色#d2d2d2”，单击“确定”按钮。选中“移动工具”，可以从标尺中拖动出参考线，然后在画布中设置如图4-2-2所示的参考线。

小贴士：通过选择“编辑”→“首选项”→“参考线、网格和切片”命令，可以打开Photoshop软件的“首选项”设置对话框，在这里可以对Photoshop中参考线的颜色进行重新设置。用户还可以根据使用习惯调整Photoshop中一些选项设置，以便使用软件时更得心应手。

（2）使用“钢笔工具”沿参考线绘制包装盒的外轮廓路径。创建一个新图层，命名为“外轮廓线”。选中“画笔工具”，笔刷设置为“硬边圆”，大小为“5像素”，设置前景色为黑色，打开“路径”面板，单击面板下方的“用画笔描边路径”按钮，绘制出包装盒的外边缘线。再创建一个新图层，命名为“折叠线”，将画笔的笔刷大小设置为“3像素”，使用和“香水包装平面设计”中相同的制作方法，绘制出包装盒上所有的折叠线，效果如图4-2-3所示。

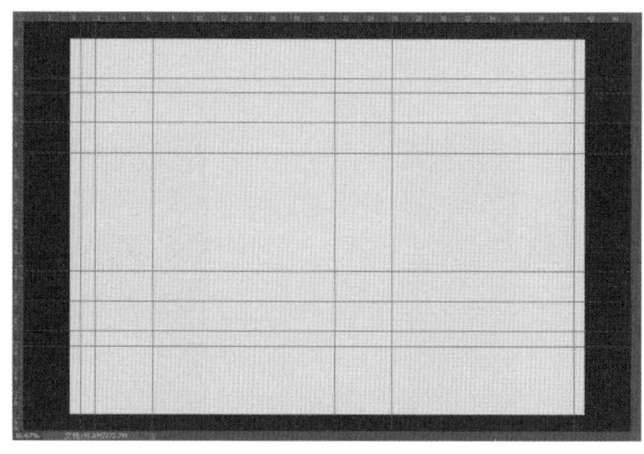

图4-2-2　设置参考线

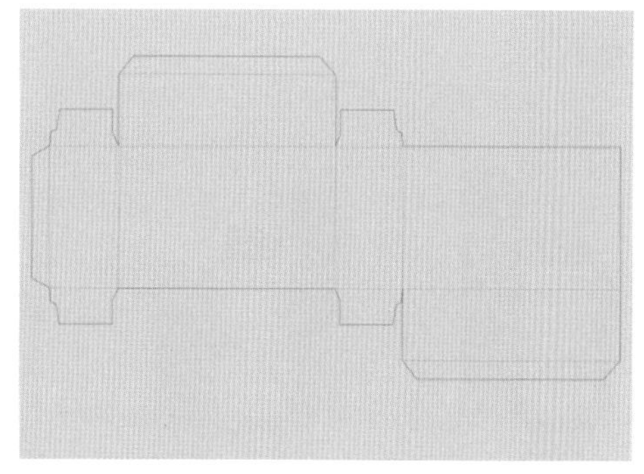

图4-2-3　茶叶盒的外轮廓和折叠线

（3）打开“路径”面板，选中面板中的工作路径，按【Ctrl+Enter】组合键，将路径转换为选区。然后，在“图层”面板的“背景”图层上方创建一个新图层，命名为“包装盒外轮廓区域”，并填充深红色#923131。按【Ctrl+D】组合键，取消选区，然后使用“矩形工具”在“包装盒外轮廓区域”图层上方绘制一个“暗红色#820909”的矩形，颜色比外轮廓区域略深，图层命名为“盒身主体区域”，效果如图 4–2–4 所示。

（4）在“盒身主体区域”图层上方置入素材文件“花纹 .png”，并调整图像大小和位置。在“图层”面板中，右击“花纹”图层，单击“创建剪贴蒙版”命令，效果如图 4–2–5 所示。

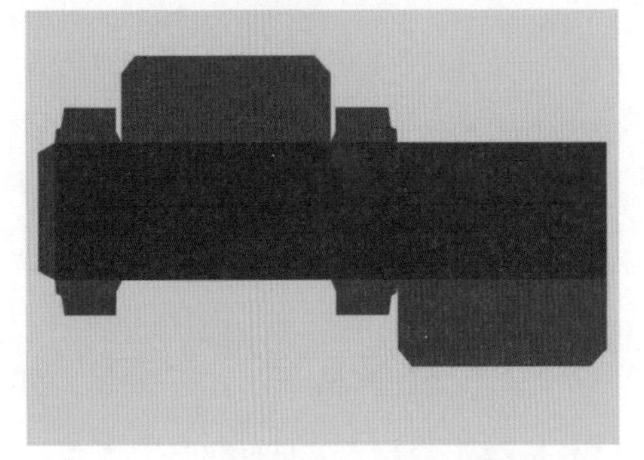

图 4–2–4　深红色的包装盒外轮廓区域

图 4–2–5　制作盒身的花纹

（5）使用“矩形工具”在“花纹”图层上方绘制 4 个米色矩形，填充颜色为#fbe6ce，无描边颜色，位置和大小如图 4–2–6 所示。

（6）置入素材文件“茶叶 .jpg”，在“图层”面板中右击该图层，选择“栅格化图层”命令，将智能图层“茶叶”转换成图像图层。使用“魔棒工具”将茶叶图像中的白色背景选中并删除，将去除背景后的茶叶调整大小并放置到合适的位置。置入素材文件“石头 .jpg”，使用去除“茶叶”背景颜色的方法去除“石头”的白色背景，并为其添加“颜色叠加”为“深红色 #b4303a”的图层样式。置入素材文件“茶具 .png”和“叶子 .png”。分别调整各置入素材的大小和位置，效果如图 4–2–7 所示。

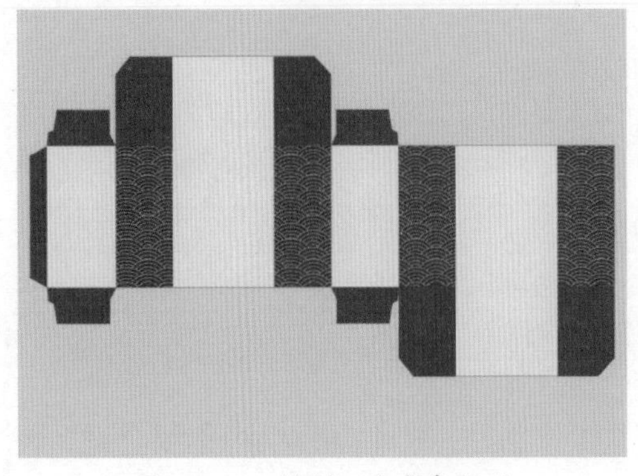

图 4–2–6　绘制 4 个米色矩形

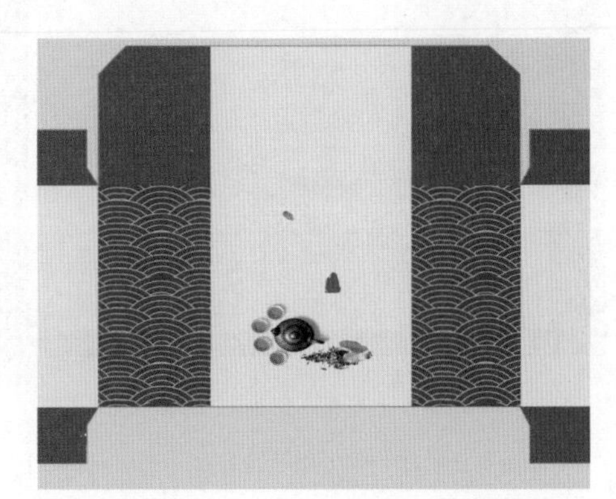

图 4–2–7　各置入素材的大小和位置

（7）使用“横排文字工具” 输入文字 TEA CEREMONY，使用“直排文字工具” 输入“悟道”、“一茶”、“一味”和 A TEA BLINDLY，对它们分别设置不同字体、字号、字符间距和颜色，文字摆放错落有致，效果如图 4-2-8 所示。

（8）复制“茶具”、“茶叶”和 TEA CEREMONY 图层，并移动到包装盒的左侧区域，调整大小和位置，如图 4-2-9 所示。

图 4-2-8　输入品牌文字

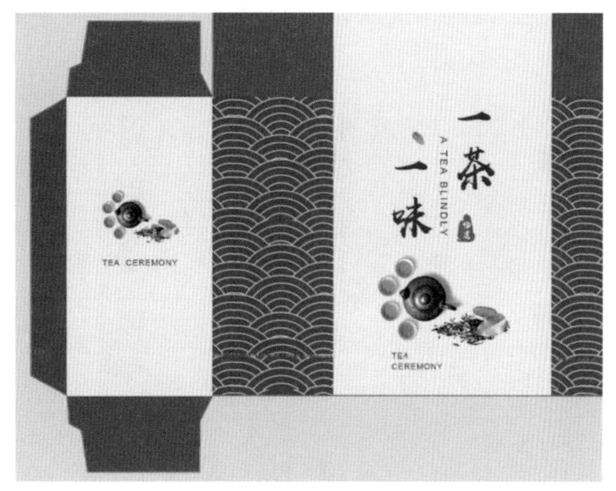

图 4-2-9　复制相关图层到左侧区域

（9）使用“矩形工具” 在左侧区域绘制一个矩形，填充颜色为“白色 #ffffff”，描边颜色为“蓝色 #0000ff”，描边宽度为“1 像素”。输入横排文字“生产许可”。置入素材文件“S 标志 .png”，并为其添加“颜色叠加”为“蓝色 #0061a8”的图层样式，效果如图 4-2-10 所示。

（10）使用“直排文字工具” 在包装盒的右侧区域输入文字 “一茶一味”，在“图层”面板中复制“叶子”图层两次，设置大小和位置如图 4-2-11 所示。

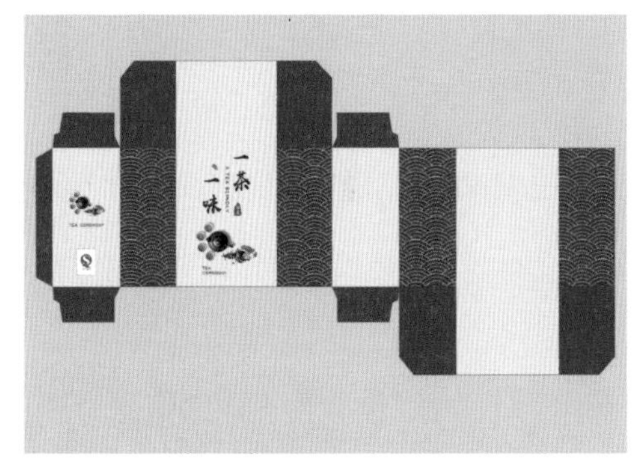

图 4-2-10　制作许可标志

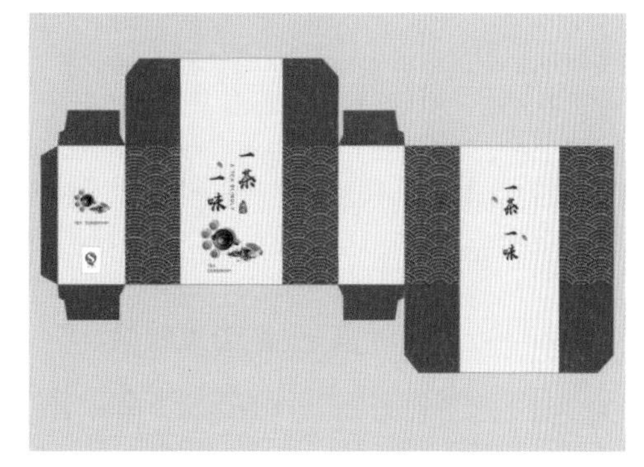

图 4-2-11　输入右侧区域文字

（11）置入素材文件“线条茶壶 .png”，调整大小并移动到上盒盖处。在“图层”面板中复制“线条茶壶”图层，移动到下盒盖处，选择“编辑”→“变换”→“旋转”

命令，将该图层旋转 180°，效果如图 4–2–12 所示。

（12）使用“矩形工具”在侧边绘制一个大矩形，将选项栏上填充颜色设置为“无颜色”，描边颜色设置为 #923131，描边宽度设置为“3 像素”，如图 4–2–13 所示。使用同样的方法，在矩形的上下边框处再绘制两个同样效果的小矩形，设置填充颜色为 #923131，描边颜色为“无颜色”，效果如图 4–2–14 所示。使用“横排文字工具”在大矩形内输入关于茶的介绍文字，如图 4–2–15 所示。

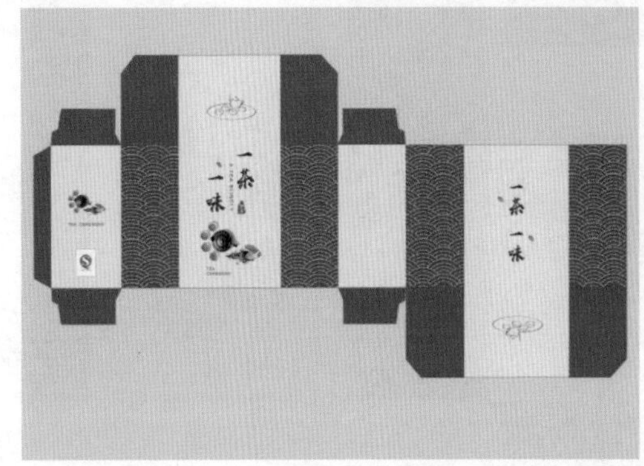

图 4–2–12　置入素材“线条茶壶”

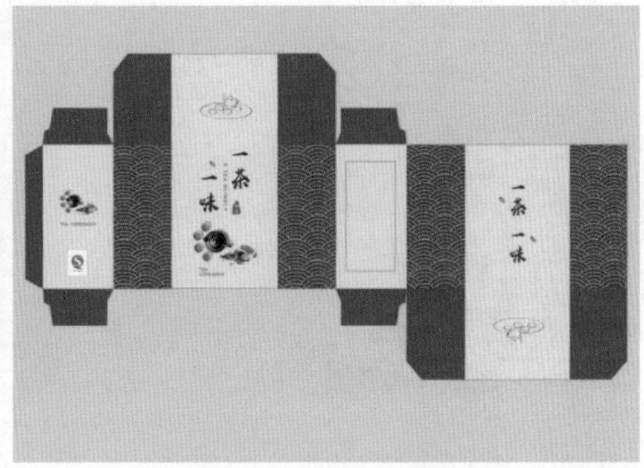

图 4–2–13　绘制大矩形框

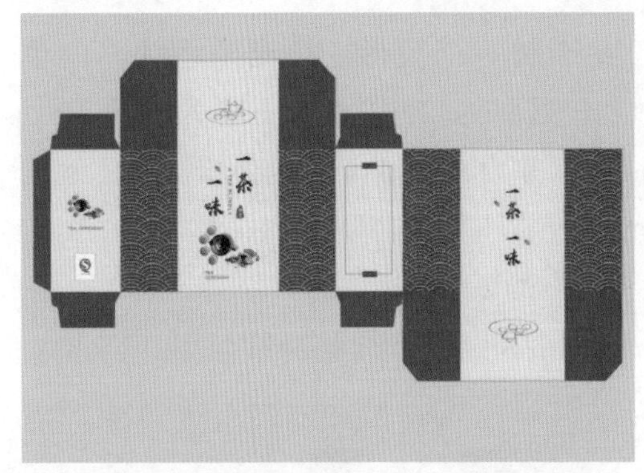

图 4–2–14　绘制上边边框上的小矩形

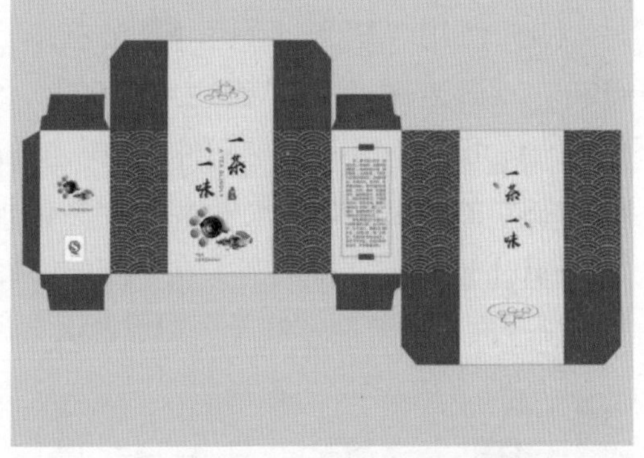

图 4–2–15　输入茶的介绍文字

（13）按【Ctrl+Shift+Alt+E】组合键，在顶层盖印图层，茶叶包装盒的平面设计图就制作完成了。

2. 制作茶叶盒包装立体效果

（1）选择“文件”→“新建”命令，打开“新建”对话框。设置预设详细信息为“茶叶盒包装立体效果 .psd”，设置宽度为 29.7 厘米、高度为 21 厘米，分辨率为 300 像素 / 英寸，颜色模式为 RGB，背景内容为白色，单击“确定”按钮。

（2）设置前景色为“深灰色 #645f5f”，设置背景色为“浅灰色 #c7c3c3”，使用“渐变工具”在“背景”图层上填充“深灰到浅灰”的渐变效果，如图 4–2–16 所示。

（3）使用移动工具将“茶叶盒包装平面图 .psd”文件顶层的盖印图层移动到本文件中，使用“矩形选框工具”分别选中如图 4-2-17 所示的 3 个区域，并按【Ctrl+J】组合键将这 3 个区域分别复制到新图层中，命名为“顶面”、“正面”和“侧面”。

图 4-2-16　“背景”图层上填充渐变效果

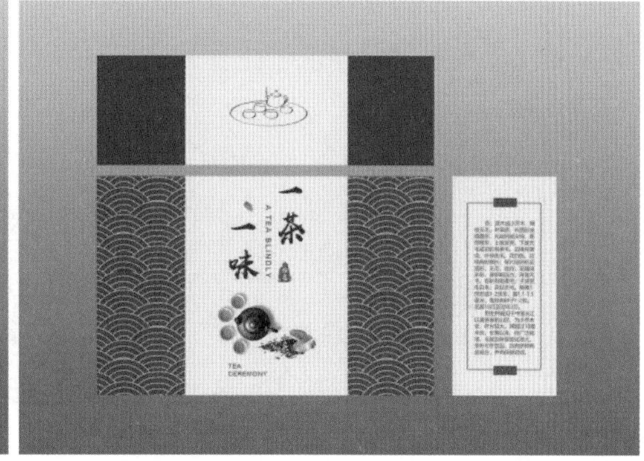

图 4-2-17　选区的 3 个盒面

（4）对包装盒 3 个区域的图层分别选择“编辑”→“变换”菜单中的“缩放”和“斜切”命令对图像进行变换，并将其移动到如图 4-2-18 所示位置。

（5）按住【Ctrl】键，在“图层”面板中单击“侧面”图层的缩略图，载入侧面图层的选区，创建新图层，命名为“侧面阴影”，填充黑色，将阴影图层的不透明度设为 30%。使用相同的方法，载入顶面选区，创建新图层，命名为“顶面阴影”，填充黑色，将图层透明度设为 5%。效果如图 4-2-19 所示。

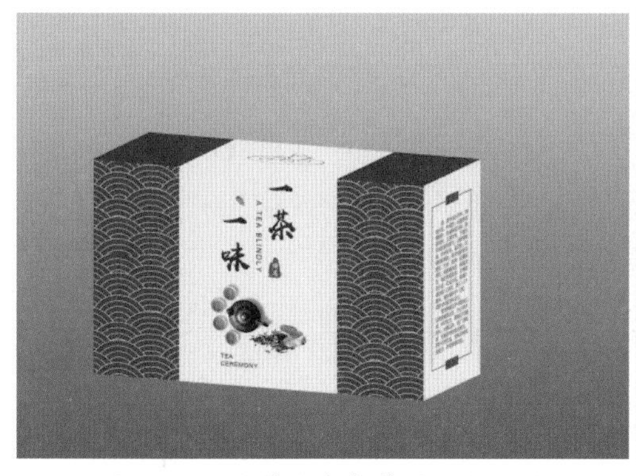

图 4-2-18　茶叶盒包装的立体效果

图 4-2-19　制作包装盒的明暗效果

（6）载入“正面”图层的选区，创建新图层，命名为“投影”。对选区填充“黑色到透明”的渐变效果，使用“斜切”变换图层，适当降低该图层的不透明度，右后制作出包装盒投影的效果见图 4-2-1。

任务三　设计光盘盒子

任务描述

本任务是利用选框工具、油漆桶工具、画笔等工具、渐变工具、文字工具、剪贴蒙版、通道等设计制作光盘盒和光盘的封面，最终效果如图 4–3–1 所示。

图 4–3–1　光盘盒封面和光盘的效果图

设计光盘盒子视频

重点和难点

重点：能使用剪贴蒙版对图像做剪贴处理。

难点：能使用“通道”面板保存和载入选区。

方法与步骤

1. 制作光盘盒背景

（1）选择“文件”→“新建”命令，打开“新建”对话框。设置预设详细信息为“光盘盒 .psd”，设置宽度为 25.3 厘米、高度为 12 厘米，分辨率为 300 像素 / 英寸，颜色模式为 RGB，背景内容为白色，单击“确定”按钮。

（2）选择“视图”→“新建参考线 (E)…”命令，分别新建一条垂直 12.4 厘米和一条 12.9 厘米的参考线。

（3）置入素材文件“背景纹理 .jpg”和“喷墨 .png”，调整大小和位置，拖动到光盘盒左侧的合适位置。在“图层”面板中复制这两个图层，命名为“背景纹理拷贝”和“喷墨拷贝”，将复制出来的两个图层移动到右侧的光盘盒正面位置。在“图层”面板中，选中“喷墨拷贝”层，按【Ctrl+T】组合键，调整图像大小和方向，最终效果如图 4–3–2 所示。

图 4-3-2　设置背景

（4）置入素材文件“海浪 1.png”，调整大小和位置，置于光盘盒背面左下方位置。新建图层，命名为“橙色矩形”，使用“矩形选框工具” ，绘制一个比海浪图像略大的矩形选区，填充“橙色 #ff8649”，在“图层”面板中将其拖动到“海浪 1”层上方，设置该图层的混合模式为“颜色”，效果如图 4-3-3 所示。右击“橙色矩形”层，选择“创建剪贴蒙版”命令，效果如图 4-3-4 所示。

图 4-3-3　设置海浪和矩形

图 4-3-4　创建剪贴蒙版后的效果

（5）同时选中“图层”面板中的“海浪 1”和“橙色矩形”图层，复制这两个图层，出现“海浪 1 拷贝”和“橙色矩形拷贝”图层，将它们拖动到光盘盒正面的位置，背景效果如图 4-3-5 所示。

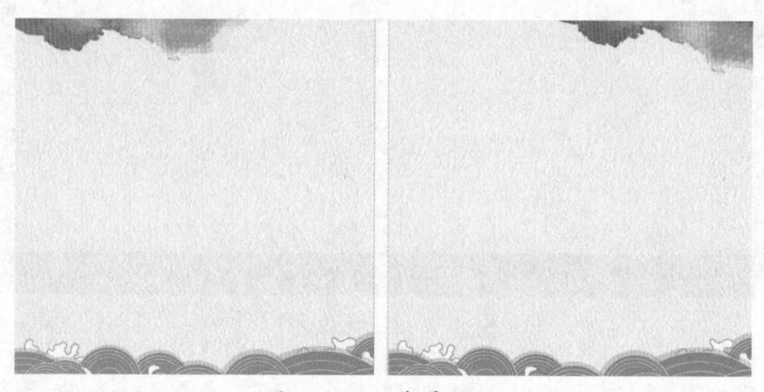

图 4-3-5　背景效果

（6）在“图层”面板中选中光盘盒左侧的“背景纹理”、“喷墨”、“海浪 1”和“橙色矩形”4 个图层，选择“图层”→“图层编组”命令，组名命名为“光盘盒背面”。同理，将“背景纹理拷贝”、“喷墨拷贝”、“海浪 1 拷贝”和“橙色矩形拷贝”4 个图层编组，组名为“光盘盒正面”，“图层”面板效果如图 4-3-6 所示。

2. 设计光盘盒背面

（1）使用“横排文字工具” 在左侧的中间位置输入文字“饮食文化”，设置字体为“华文行楷”，颜色为黑色，适当地调整字体大小。在“图层”面板中将文字层移动到“光盘盒背面”组中。

（2）置入素材文件“云纹 .jpg”，在“图层”面板中右击该图层，选择“栅格化图层”命令，使用“魔棒工具” 选中“云纹”图像中的白色区域，按【Delete】键将白色背景删除。

（3）取消选区，将“云纹”图层置于文字层“饮食文化”上方，再次右击该图层，选择“创建剪贴蒙版”命令。复制“云纹”图层，移动“云纹拷贝”层到合适位置，最终文字效果如图 4-3-7 所示。

（4）置入素材文件“叶子 .png”，右击该图层，选择“栅格化图层”命令，复制出两片叶子，移动叶子到合适位置，如图 4-3-8 所示。

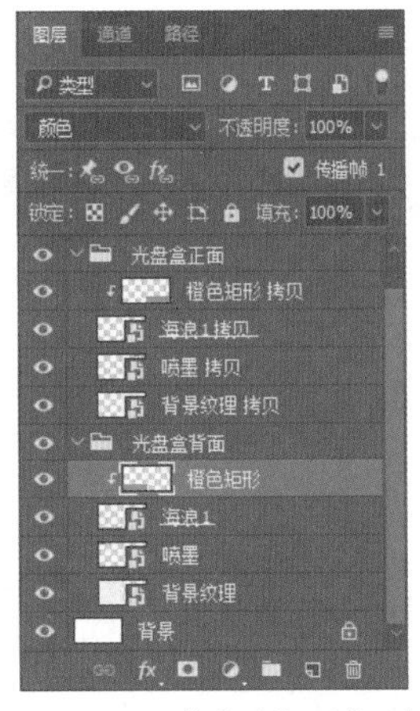

图 4-3-6 “图层”面板效果

图 4-3-7 文字效果

3. 设计光盘盒正面

（1）在“光盘盒正面”组中，置入素材文件“浅色祥云 .png”和“线条 .png”，调整图像大小及位置，分别置于画布右侧光盘盒正面的上方和下方。

（2）使用“横排文字工具” T 在光盘盒正面的中上部位置输入文字“珍惜”和“粮食”，设置字体为“汉仪尚巍手书”，颜色为“黑色”，字体大小分别为“70 点”和“50 点”。适当调整文字位置，使文字错落摆放。

（3）置入素材文件“彩色墨迹 .jpg”并复制该图层，生成“彩色墨迹拷贝”层。将两个图层分别移动到文字“珍惜”层和“粮食”层上方，选择“创建剪贴蒙版”命令，“图层”面板中效果如图 4-3-9 所示，图像效果如图 4-3-10 所示。

图 4-3-8 光盘盒背面效果

图 4-3-9 图层面板效果

（4）置入“麦穗 .png”、“米饭 .png”和“烟雾 .png”，调整它们的大小和位置，放置在光盘盒正面的下方中间位置，如图 4–3–11 所示。

图 4–3–10　文字效果

图 4–3–11　米饭等的位置

（5）新建图层，命名为“阴影 1”，拖放到“米饭”下方。选中“画笔工具”，选择“柔边圆”笔刷，大小调整到比碗底形状略大一圈，设置前景色为黑色、灰色和橙色，慢慢涂抹出碗底的投影，最终效果如图 4–3–12 所示。

小贴士：想要阴影效果逼真，也可以建立多个图层，绘制深浅、大小、颜色不一的阴影，然后进行图层混合模式的叠加，需要的是细心和耐心，此处操作不再一一赘述，可观看微课视频。

（6）光盘盒正面的右侧位置输入文字，效果如图 4–3–13 所示。

图 4–3–12　绘制碗底的阴影

图 4–3–13　直排文字效果

使用“直排文字工具”输入“勤俭节约”，设置字体为“方正大标宋简体”，颜色为 #0054a4，大小为“15 点”；输入“中华传统美德”，设置字体为“方正粗宋简体”，颜色为白色，大小为“4.3 点”，字符间距为 660。

使用“椭圆工具”绘制红色的小圆圈，并复制多个，置于“中华传统美德”下方。

（7）置入素材文件“叶子.png”和“云朵.png”，复制多个后，移动到适当位置。置入“光晕.png”，调整大小，在“图层”面板中将其混合模式改为“滤色”，并在图像中将其移动到“惜”字的右下角。最终效果如图 4-3-14 所示。

图 4-3-14　移动各素材的位置

4. 制作光盘盒封脊

使用“矩形选框工具”，在封脊处绘制一个矩形框。选中“渐变工具”，在选项栏中将渐变类型设置“实底”，渐变编辑器的颜色设置为 #fe864 到 a #fdd2bc，如图 4-3-15 所示。按住【Shift】键，鼠标自下而上在矩形选框中填充颜色，最终效果如图 4-3-16 所示。

图 4-3-15　设置渐变编辑器

图 4-3-16　光盘盒包装效果

5. 制作光盘

（1）新建画布。选择“文件”→“新建”命令，打开“新建”对话框。设置预设详细信息为“光盘 .psd”，宽度为 13 厘米，高度为 13 厘米，分辨率为 300 像素 / 英寸，颜色模式为 RGB，背景内容为天蓝色 #89d7f4，单击“确定”按钮。

（2）创建一个新图层，命名为“光盘外环”。选中“椭圆选框工具”，在选项栏中设置羽化值为 0，样式为“固定大小”，宽度和高度都为 20 厘米，单击画布新建一个固定大小的圆形选区，将选区移动到窗口中间。选择“选择”→“存储选区”命令，在打开的对话框中输入新建的通道名称为“外环”，如图 4-3-17 所示。将前景色调整为 #93a19e，使用“油漆桶工具”对选区填充前景色。

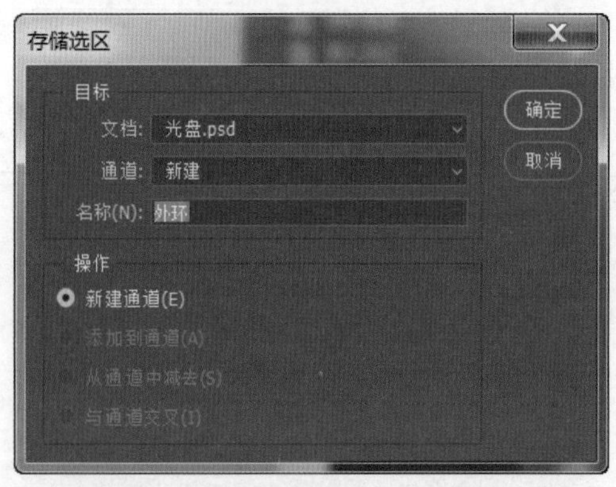

图 4-3-17　“存储选区”对话框

（3）选择“选择”→“变换选区”命令，选区周围出现控制框，在选项栏中将 W 改为“15 毫米”，H 改为“15 毫米”，按【Enter】键或单击选项栏右侧的按钮（见图 4-3-18）使选区变小。按【Delete】键，删除选区内的像素，使光盘内出现一个小孔，结果如图 4–3–19 所示。

（4）用步骤（3）的方法，再次变换选区大小，将选区改成 35 毫米 ×35 毫米，确定以后再将此选取保存在名为“内圆”的新通道中，查看“通道”面板，结果如图 4–3–20 所示。将选区中的内容复制出一个新图层，将图层命名为“光盘内环”，并调整该图层不透明度为 45%。

图 4–3–18　变换选区设置

图 4–3–19　光盘内出现小孔

图 4–3–20　查看“通道”面板

（5）按住【Ctrl】键的同时，单击“光盘内环”图层的缩略图，得到光盘内环的选区。保持选区不变，选中“图层”面板中的“光盘外环”图层，按【Delete】键，删除“光盘外环”中选区内的像素，得到如图 4–3–21 所示的结果。

（6）在“光盘外环”层上创建一个新图层，命名为“盘面”。按住 Ctrl 键，同时鼠标单击“通道”面板中“外环”通道的缩略图，载入“外环”选区。单击菜单栏“选择 / 变换选区”命令，将选区大小调整为 W 和 H 都是“11.8 厘米”，单击回车键后在选区内填充白色。

（7）按住【Ctrl】键，同时单击“通道”面板中“内圆”通道的缩略图，载入“内圆”选区。按【Delete】键，删除“盘面”中选区内的像素。

（8）在“盘面”层上创建一个新图层，命名为“立体环”。选择“编辑”→“描边”命令，在打开的对话框中设置宽度为“8 像素”，颜色为 #93a19e，位置为居中。对其添加“斜面和浮雕”图层样式，完成后效果如图 4–3–22 所示。

（9）打开“光盘盒 .psd”文件，在“图层”面板中右击“光盘盒正面”图层组，选中“复制组”命令，在打开的对话框中将“光盘盒正面”组复制到“光盘 .psd”文件中，如图 4–3–23 所示。

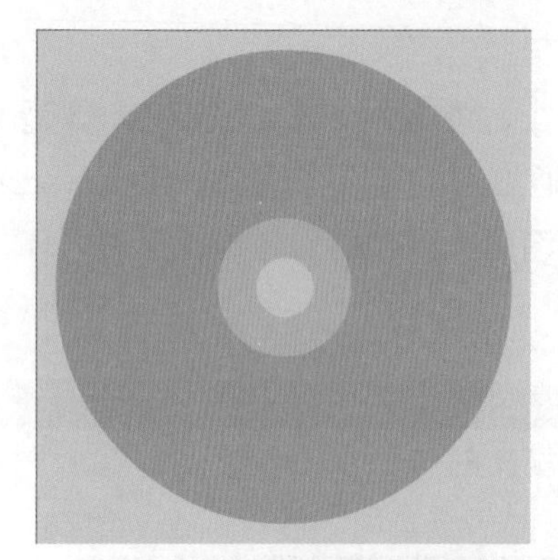
图 4-3-21　删除光盘上的内环

图 4-3-22　光盘盘面

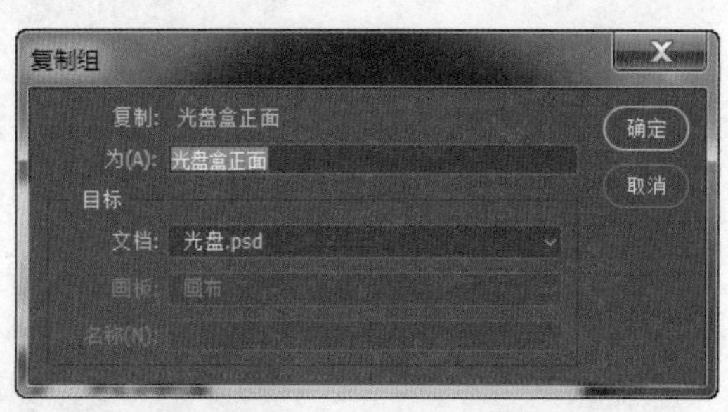

图 4-3-23　“复制组”对话框

（10）在“光盘 .psd”文件中，将“光盘盒正面”组移动到“盘面”和“立体环”图层中间，并在画布中使用移动工具将其拖动到画布的中间位置。

（11）删除“线条”图层，合并图层“橙色矩形拷贝”和“海浪 1 拷贝”，将合并后的新图层命名为“海浪”。将“盘面”图层拖动到“光盘盒正面”组中的最底层，调整“背景纹理拷贝”、“喷墨拷贝”和“海浪”在图像中的位置，并将对这 3 个图层“创建剪贴蒙版”，“图层”面板中的效果如图 4-3-24 所示。

（12）调整“光盘盒正面”组中其他图层的大小和位置，最终效果如图 4-3-25 所示。

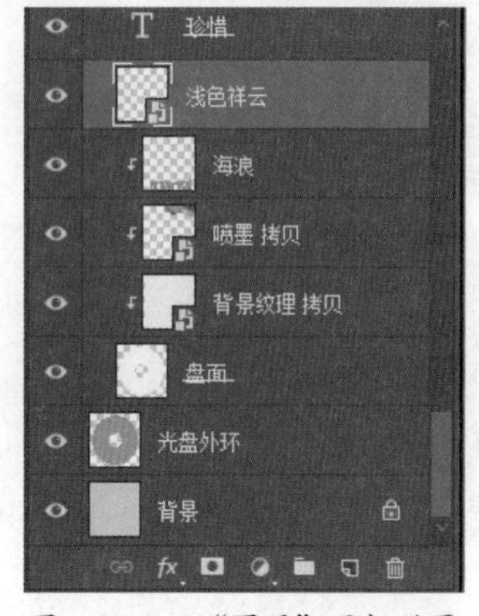

图 4-4-24　“图层”面板效果

图 4-3-25　光盘最终效果

任务四　设计膨化食品包装

任务描述

本任务是利用钢笔工具、画笔工具、橡皮擦工具、形状绘图工具、液化滤镜、图层蒙版、图层样式等设计制作膨化食品的外包装，最终效果如图 4-4-1 所示。

图 4-4-1　膨化食品包装效果图

设计膨化食品包装视频 1

设计膨化食品包装视频 2

重点和难点

重点：能使用图层蒙版对图层中的图像信息做隐藏处理。

难点：能使用液化滤镜对图像做变形处理。

方法与步骤

1. 新建画布

选择“文件”→“新建”命令，打开“新建”对话框。设置预设详细信息为“膨化食品包装 .psd”，设置宽度为 20 厘米、高度为 28 厘米，分辨率为 72 像素 / 英寸，颜色模式为 RGB，背景内容为白色，单击“确定”按钮。

2. 设置背景纹理

（1）在背景层上方新建新图层，将其命名为“纹理”。将前景色设置为青色（R:108，G:196，B:188），并用前景色填充新图层。

（2）选择“文件”→“置入嵌入对象”命令，将素材文件“元素 .png”添加到“纹理”上方，并将“元素”图层的图层混合模式改为“正片叠底”，如图 4-4-2 和图 4-4-3 所示。

图 4-4-2 背景纹理

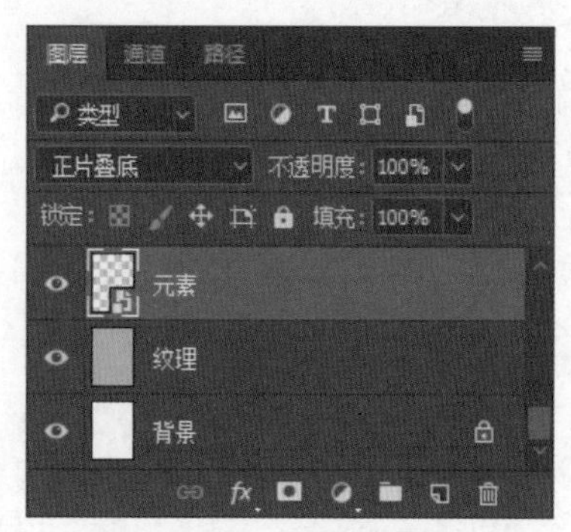

图 4-4-3 设置混合模式

3. 设置背景图案

（1）在“图层”面板中，选中“元素”和“纹理”两个图层，右击，在弹出的快捷菜单中选择“合并图层”命令，将两个图层合并为“元素”层。

（2）单击“图层”面板底部的“添加图层蒙版”按钮，为“元素”层添加蒙版。选取画笔工具，设置笔刷为“硬边圆”，大小为“60 像素”，前景色为黑色。利用画笔将蒙版图层的下半部分涂成黑色，效果如图 4–4–4 和图 4–4–5 所示。

图 4-4-4 背景图案

图 4-4-5 添加蒙版

4. 置入背景素材

（1）选择“文件”→“置入嵌入对象”命令，将素材文件“小太阳.png”、“chips.png”和“形状.png”分别放置到“元素”图层的上方，并调整大小、位置和方向。

（2）在“图层”面板中，双击“小太阳”图层，在打开的“图层样式”对话框中，选中“颜色叠加”选项，为小太阳添加淡黄色（R：253，G：241，B：185）的颜色叠加效果，如图 4-4-6 和图 4-4-7 所示。

图 4-4-6　添加图层样式

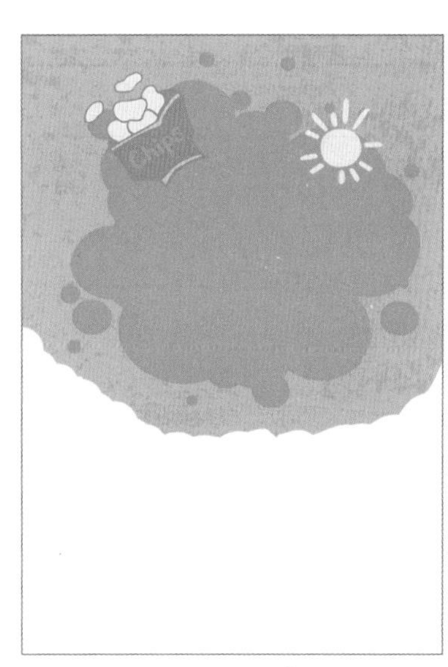

图 4-4-7　调整素材位置

5. 绘制线条

（1）单击工具栏中的“钢笔工具”，设置选项栏中的填充为“无”，描边颜色为“白色”，宽度为“3 像素”，线型为“虚线”，如图 4-4-8 所示。

图 4-4-8　钢笔工具选项设置

（2）利用“钢笔工具”在画布上勾勒出不规则的图形，作为画面的点缀。最终效果如图 4-4-9 所示。

6. 输入产品名称

（1）单击文字工具，设置字体为“方正少儿简体”，字号为“150 点”，颜色为“R:71，G:22，B:12”，输入文字“香”，并为其添加“描边”图层样式效果，大小为“10 像素”。在“图层”面板中，右击“香”文字层，单击复制图层命令，复制出“香拷贝”图层。双击“香拷贝”文字层的缩略图，修改画布中的文字为“片”。

（2）重复上述操作，分别对“香”图层再复制两次，并将复制出的新图层文字修改为“脆”和“薯”，字体调整为“120 点”。将“香”、“脆”、“薯”和“片”的位置进行适当调整，效果如图 4-4-10 所示。

（3）输入文字 CHIPS ASSEMBLY，设置字体为 Adobe 黑体 Std，大小为 30 点，颜色为白色。

（4）在“图层”面板中，选中所有的文字图层，按键盘上的【Ctrl+G】组合键，将“香”、“脆”、“薯”、“片”和“CHIPS ASSEMBLY”5 个图层组成一个组，并将组的名称改为“香脆薯片”，文字整体效果如图 4-4-10 所示。

图 4-4-9 勾勒出虚线线条

图 4-4-10 产品名称文字效果

7. 置入“食品”等素材

（1）选择“文件”→“置入嵌入对象”命令，将素材文件“食品.png”、“杯子.png”、“杯子2.png”、“汉堡包.png”、“糖棒.png”和“糖果.png”分别置入到图像文件中，并调整大小、位置和方向，如图 4-4-11 所示。

图 4-4-11 调整各素材的位置

（2）单击“图层”面板中的“食品”图层，并复制出“食品拷贝”图层，调整图像位置，使薯片看上去更丰富。

（3）新建图层，将图层重命名为“阴影”，并将图层位置移动到“食品”层下方。将前景色调整为“黑色”，然后单击“画笔工具”，并设置画笔笔刷和大小，如图 4–4–12 所示。在薯片下方进行涂抹，制作出薯片的阴影效果，局部效果如图 4–4–13 所示。

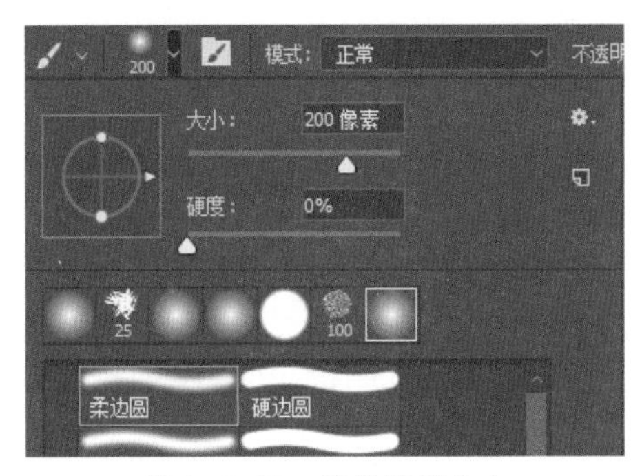

图 4–4–12　设置笔刷大小

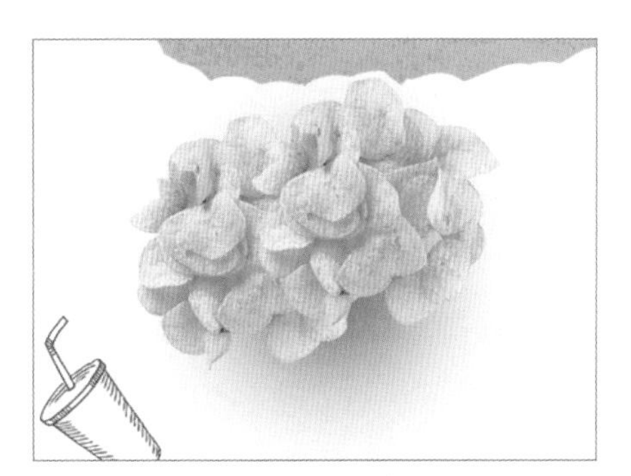

图 4–4–13　绘制薯片阴影

8. 添加广告文字

（1）单击“图层”面板中的“创建新组”按钮，将组名改为“香脆可口”。选中“圆角矩形工具”，在选项栏中设置填充：红色；描边：无；半径：10 像素；各参数如图 4–4–14 所示，然后在该组中绘制一个圆角矩形。选择“横排文字工具”，在红色的圆角矩形内输入文字“香 / 脆 / 可 / 口”，设置字体为 Adobe 黑体 Std，字号为 30 点，颜色为白色。在红色的圆角矩形下方输入文字“多重美味一口尽 ~”，设置字体为 HYYaYaJ，字号为 30 点，颜色为 #47160c。整体效果如图 4–4–15 所示。

形状　填充：　描边：　1 像素　W: 0 像素　H: 0 像素　半径：10 像素　对齐边缘

图 4–4–14　圆角矩形工具选项设置

图 4–4–15　广告语整体效果

（2）创建新组，命名为“精挑细选”。利用“矩形工具”、“椭圆工具”、“直线工具”，分别绘制出一个空心矩形、实心原点和直线，颜色为 #6cc4bc。在空心矩形中输入文字“精挑细选”，设置字体为黑体，字号为 20 点，颜色为 #6cc4bc。整体效果如图 4–4–15 所示。

（3）创建新组，改名为“新品推荐”。利用“圆角矩形工具”，在画布的右下方绘制一个红色的圆角矩形。在圆角矩形中输入文字“新品推荐”，设置字体为华文隶书，字号为 20 点，颜色为白色。在“新品推荐”下方输入文字“净含量：50 g”，设置字体为微软雅黑，字号为 13 点，颜色为白色。最后，将 3 个图层同时选中，按键盘上的【Ctrl+T】组合键，调整圆角矩形和文字的方向到合适位置，整体效果如图 4–4–15 所示。

9. 绘制封口线

（1）创建新组，改名为“上封口线”。单击“直线工具”，设置选项栏中的填充为“无”，描边颜色为 #646464，宽度为“0.5 像素”，线型为“实线”，如图 4–4–16 所示。按住【Shift】键的同时，在画布的上方从左至右绘制一条细实线，并在“图层”面板中将该图层改名为“上封口线 1”。

图 4–4–16　直线工具选项栏设置

（2）在“图层”面板中，将图层“上封口线 1”拖动至下方的“新建图层”按钮上，复制出新图层“上封口线 1 拷贝”。用同样方法继续复制出 4 个图层，如图 4–4–17 所示。选中图层“上封口线 1 拷贝 5”，利用“移动工具”将其拖动至下方一段距离，如图 4–4–18 所示。选中“上封口线”组中的所有图层，单击移动工具选项栏中的“按项分布”按钮，再单击“左对齐”按钮，使“上封口线”组中的所有线条在画布上均匀分布，如图 4–4–19 所示。

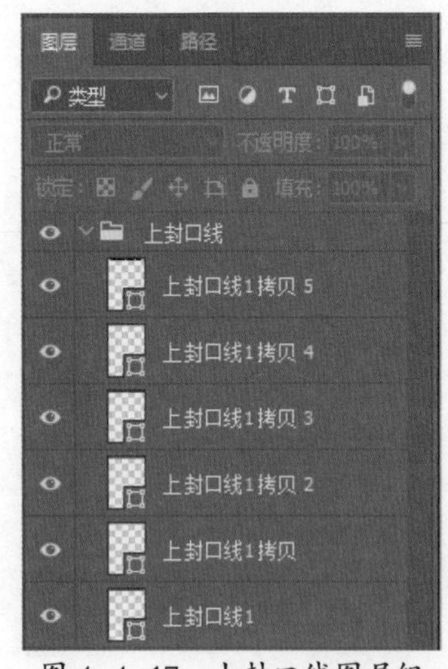

图 4–4–17　上封口线图层组

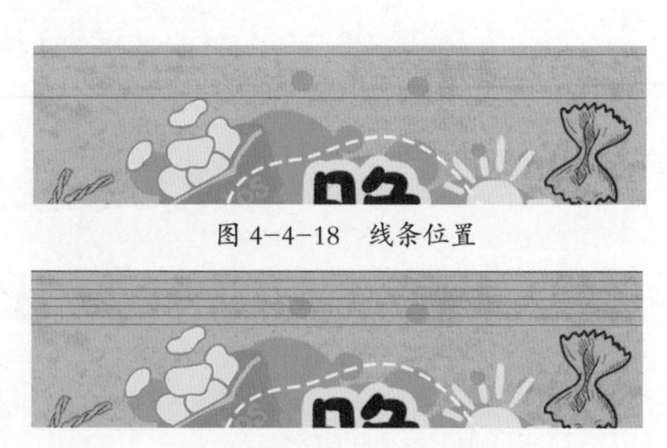

图 4–4–18　线条位置

图 4–4–19　线条均匀分布

（3）将“图层”面板中的“上封口线”组拖动至“新建图层”按钮上，复制出新组“上封口线拷贝”。利用“移动工具”，将其拖动至画布下方的合适位置。最终膨化食品包装的平面效果如图 4–4–20 所示。

（4）按【Shift+Crtl+Alt+E】组合键，盖印所有可见图层，在“图层”面板中生成新图层“图层 3”，如图 4–4–21 所示。最后将文件保存为“膨化食品包装 .psd”。

图 4–4–20　平面效果

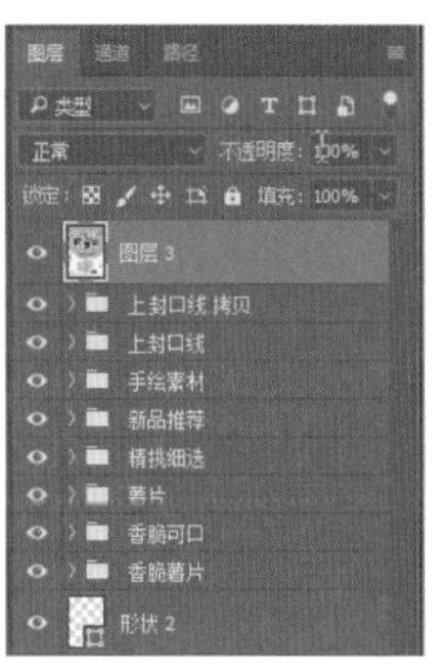

图 4–4–21　盖印图层

10. 制作包装立体效果图

（1）选择“文件”→“新建”命令，打开“新建”对话框。设置预设详细信息为“膨化食品包装立体效果 .psd”，为宽度 60 厘米，高度为 32 厘米，分辨率为 72 像素 / 英寸，颜色模式为 RGB，背景内容为白色，单击“确定”按钮。

（2）选择“文件”→“置入嵌入对象”命令，将素材文件“bg.png”添加到“背景”层上方。然后，将“膨化食品包装 .psd”文件中盖印后的图层“图层 3”复制到“膨化食品包装立体效果 .psd”文件中，并将图层命名为“外包装”。为该图层添加“投影”图层样式，参数设置如图 4–4–22 所示。

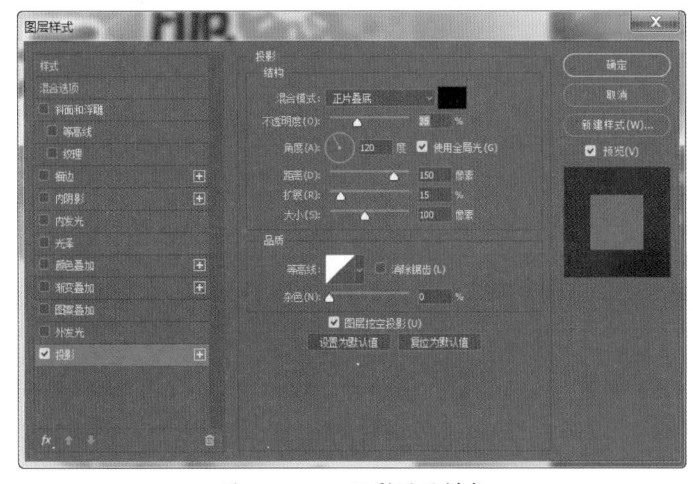

图 4–4–22　阴影图层样式

（3）定义画笔笔刷。设置前景色为黑色，然后新建图层，命名为“三角形”，选中工具栏中的“多边形工具”，将选项栏中的工具模式改为“像素”，边设置为“3”，单击并拖动，绘制一个大小合适的向下三角形，如图4–4–23所示。按住【Ctrl】键的同时，单击“图层”面板中“三角形”图层的缩略图，将三角形作为选区选中。选择“编辑”→“定义画笔预设”命令，在打开的“画笔名称”对话框中，将其命名为“三角形画笔”，如图4–4–24所示。最后按【Ctrl+D】组合键取消选区，并删除“三角形”图层。

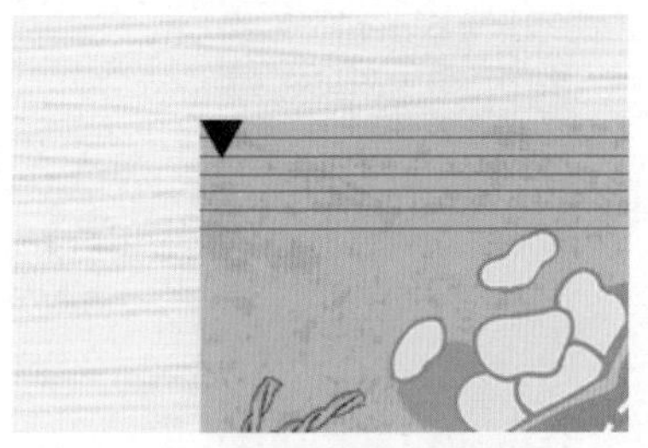

图 4–4–23　绘制三角形

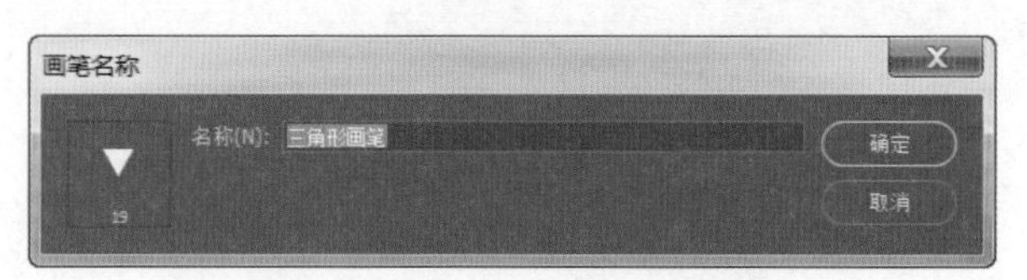

图 4–4–24　“画笔名称”对话框

（4）制作包装撕口。选中“橡皮擦工具”，在选项栏中将笔刷选择为自定义的“三角形笔刷”，设置大小为20。单击选项栏中的画笔设置按钮，打开“画笔设置”面板，对间距进行适当调整，如图4–4–25所示。在“图层”面板中选中“外包装”图层，按住【Shift】键的同时，鼠标从包装的左上方拖动到右上方，即可将包装的撕口形状制作出来。再次打开“画笔设置”面板，将图4–4–25中的角度修改为180°，然后按住【Shift】键的同时，鼠标从包装的左下方拖动到右下方，撕口效果如图4–4–26所示。

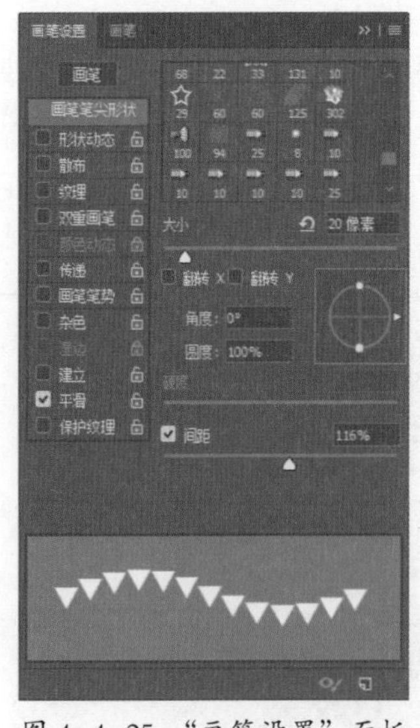

图 4–4–25　“画笔设置”面板

图 4–4–26　上、下撕口效果

（5）选择“滤镜”→“液化”命令，打开“液化”对话框。单击左侧的“向前变形工具”按钮，设置画笔大小为300像素，用鼠标在外包装图的外侧慢慢推压，使图像变形成，如图 4–4–27 所示。完成变形后，单击“确定”按钮退出窗口。

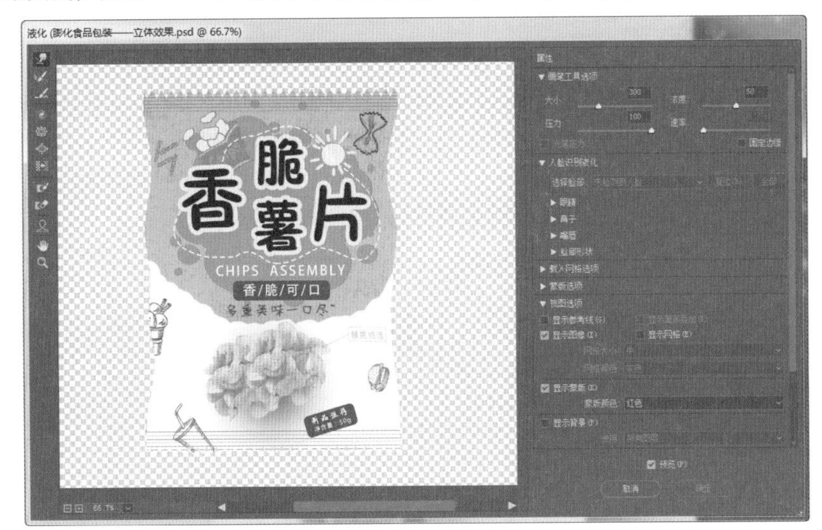

图 4–4–27　液化滤镜窗口

（6）新建图层，命名为“立体阴影”。选中“画笔工具”，对选项栏中的参数进行设置，如图 4–4–28 所示。沿着外包装图的左、右两侧内部边缘，从上往下轻轻涂抹，绘制出包装的立体阴影。此处可多次适当调整画笔大小，反复细致涂抹，力求让阴影逼真。按住【Ctrl】键的同时，单击“外包装”图层的缩略图，生成外包装的选区，按【Shift+Ctrl+I】组合键将选区反选，按【Delete】键删除包装外的多余阴影，效果如图 4–4–29 所示。

图 4–4–28　画笔选项栏

图 4–4–29　两侧边立体阴影

（7）合并“立体阴影”和“外包装”两个图层，改名为“立体包装”。将“立体包装”图层再复制两个图层，调整大小和位置，最终效果见图 4–4–1。

知识与技能

1. 图像的变换

选中图像或者绘制好选区后，选择“编辑”→“自由变换”或“变换”命令，可以对图像或者选区进行各种变换，“变换”命令的下拉菜单如图 4-5-1 所示。选择“变换”命令后，使用鼠标拖动图像四周的控制点，即可实现对图像的变换效果，单击“确定”按钮即可去除变幻控制框。

再次(A) Shift+Ctrl+T

缩放(S)
旋转(R)
斜切(K)
扭曲(D)
透视(P)
变形(W)

旋转 180 度(1)
顺时针旋转 90 度(9)
逆时针旋转 90 度(0)

水平翻转(H)
垂直翻转(V)

图 4-5-1　变换命令的下拉菜单

各“变换”命令使用效果如图 4-5-2 所示。

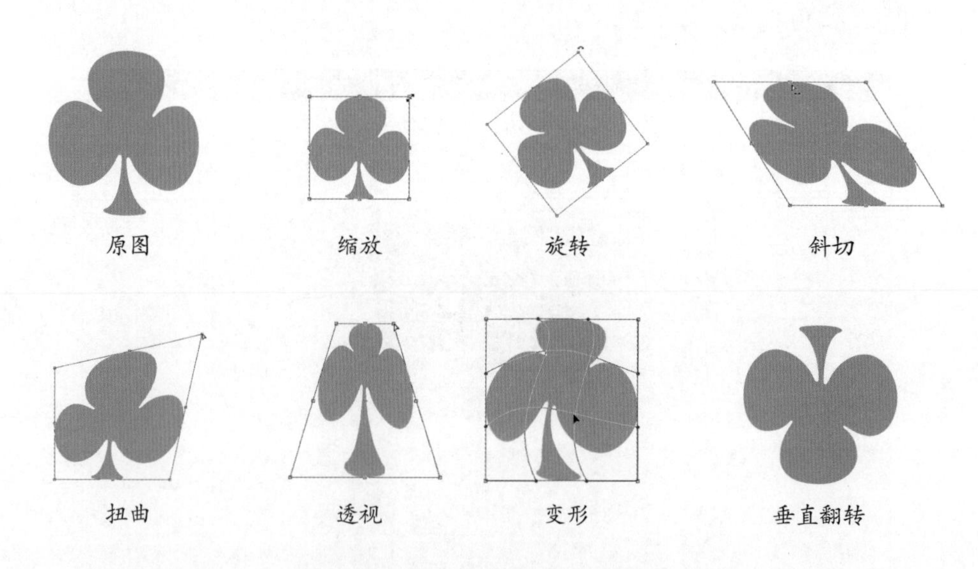

图 4-5-2　各“变换”命令使用效果

2. 图层蒙版

图层蒙版可以使图层中图像的某些部分被处理成透明和半透明的效果。蒙版可以被涂上黑色、白色和灰色，涂成黑色的地方蒙版变为不透明，会将当前图层中的图像隐藏；涂成白色的地方蒙版变为透明，可以将当前图层中的图像显现出来；涂成灰色的地方蒙版变为半透明，当前图层中的图像将若隐若现。

（1）创建图层蒙版

创建的图层蒙版可以分为整体蒙版和选区蒙版两种。

◎ 创建整体蒙版：选择“图层”→“图层蒙版”→“显示全部”命令，或者单击“图层”面板下方的“添加图层蒙版”按钮，可以创建一个白色的蒙版，此时蒙版为透明效果，如图 4–5–3 所示。选择“图层”→“图层蒙版”→“隐藏全部”命令，或者按住【Alt】键单击“图层”面板下方的“添加图层蒙版”按钮，可以创建一个覆盖图层全部的黑色蒙板，此时蒙版为不透明效果，如图 4–5–4 所示。

图 4–5–3　白色蒙版为透明效果

图 4–5–4　黑色蒙版为不透明效果

◎ 创建选区蒙版：当图像中存在选区时，选择“图层”→“图层蒙版”→“显示全部”命令，或者单击“图层”面板下方的“添加图层蒙版”按钮，选区内的图像会被显示，选区外的图像会被隐藏，如图 4–5–5 和图 4–5–6 所示。选择“图层”→“图层蒙版”→“隐藏全部”命令，或者按住【Alt】键，单击“图层”面板下方的“添加图层蒙版”按钮，选区内的图像会被隐藏，选区外的图像会被显示。

图 4–5–5　创建选区蒙版后的效果

图 4–5–6　创建小狗形状的选区蒙版

（2）显示与停用图层蒙版

创建图层蒙板后，选择“图层”→“蒙版”→“停用”命令，或者在蒙版缩略图上右击，在弹出的快捷菜单中选择“停用图层蒙版”命令，此时，在蒙版缩略图上会出现一个红色的叉，表示此蒙版被停用，如图 4–5–7 所示。再次选择“图层”→“蒙版”→“启用”命令，或在蒙版缩略图上右击，在弹出的快捷菜单中选择“启用图层蒙版”命令，即可重新启用蒙版效果。

（3）删除与应用图层蒙版

创建图层蒙版后，选择“图层”→“蒙版”→“删除”命令，即可将当前应用的蒙版效果从图层中删除，图像恢复原来的效果。选择“图层”→“蒙版”→“应用”命令，可将当前应用的蒙版效果直接与图像合并，如图 4–5–8 所示。

图 4–5–7　停用图层蒙版

图 4–5–8　将蒙版与图像合并

（4）链接图层蒙版

在“图层”面板中，图层缩略图与图层蒙版缩略图之间存在“链接图标”，当图层图像与蒙版关联时，移动图像时蒙版会同步移动，单击“链接图标”，将不显示此图标，如图 4–5–9 所示，可以分别对图像与蒙版进行操作，移动图像时，蒙版将不跟随移动。

图 4–5–9　去除蒙版与图像间的链接

3. 剪贴蒙版

剪贴蒙板是使用基底图层中图像的形状来控制上方图层中图像的显示区域，实现一种剪贴画的效果，俗称“上色下形”，剪贴蒙版至少需要两个图层才能创建。

◎ 创建剪贴蒙版：右击处于上方的图层，选择“创建剪贴蒙版”命令，即可将当前图层创建为剪贴蒙版，效果如图 4–5–10 和图 4–5–11 所示。选择“图层”→“创建剪贴蒙版”命令，也可将当前图层创建为剪贴蒙版。还可以按住【Alt】键，将光标移动到两个图层之间的细线上单击，即可将上面的图层创建为剪贴蒙版。

图 4-5-10　剪贴蒙版的效果

图 4-5-11　“图层”面板中创建剪贴蒙版

◎ 释放剪贴蒙版：在剪贴蒙版图层上右击，选择“释放剪贴蒙版”命令，即可将剪贴蒙版还原成普通图层。

4. 通道

通道是由蒙版演变而来的，也可以说通道就是选区。它是用来存储颜色和选区的，可以将通道理解为一种特殊的图层，因此对图像的处理和理解，其实就是对通道改变的过程。

（1）通道的类型

◎ 复合通道：由蒙版概念衍生而来，是用于控制两张图像叠盖关系的一种简化应用。复合通道不包含任何信息，实际上它只是同时预览并编辑所有颜色通道的一个快捷方式。它通常被用来在单独编辑完一个或多个颜色通道后使通道面板返回到它的默认状态。

◎ 颜色通道：用来记录颜色的分布情况，也称为颜色通道，图像的颜色模式决定了颜色通道的数目。RGB 模式有“红色、绿色、蓝色”3 个颜色通道（见图 4-5-12），CMYK 模式有“青色、洋红色、黄色、黑色”4 个颜色通道（见图 4-5-13）。

图 4-5-12　RGB 颜色通道

图 4-5-13　CMYK 颜色通道

◎ Alpha 通道：为保存选择区域而专门设计的通道，用来创建和存储蒙版。通常用于将选区存储 Alpha 通道中，其中白色对应选区中被选中的部分，黑色对面未被选中的部分。

◎ 专色通道：用来保存专门颜色信息的通道，这种专门的颜色通常用于替换或者补充印刷色（CMYK）油墨。由于大多数专色无法在显示器上呈现效果，所以其制作过程也带有相当大的经验成分。

（2）通道的操作

◎ 通道的创建：单击“通道”面板中的“创建新通道”按钮，或者“将选区存储为通道”按钮，即可将选区存储在Alpha通道中，如图4-5-14、图4-5-15所示。

◎ 复制通道：直接将所需复制的通道，拖入“通道”面板底部的“创建新通道”按钮上，或者在“通道”调板中，右击所需复制的通道，选择“通道复制”命令。

◎ 分离通道：在“通道”面板菜单中选择“分离通道”命令，可以将一幅图像文件的通道，分成若干个单独的图像灰度文件。

图 4-5-14　图像中的小狗选区

图 4-5-15　将选区存储为通道

◎ 合并通道：可以将多个灰度图像合并为一个图像的通道。要合并的图像，必须是处于灰度模式，并且已被拼合，且具有相同的像素尺寸，已打开的灰度图像的数量决定了合并通道时可用的颜色模式。通过“通道”面板的“合并通道”命令，可以将分离的通道合并。

拓展与提高

请为“苏打饼干”设计一个包装，设置宽度为60厘米，高度为32厘米，分辨率为72像素/英寸，颜色模式为RGB。平面效果如图4-6-1所示，立体效果如图4-6-2所示。

图 4-6-1　平面效果图

图 4-6-2　立体效果图

项目五

折页设计

宣传折页是一种以传媒为基础的纸制的宣传流动广告。它开本实用、携带方便，外观内容新颖、别致、美观，能完整地表现出所要宣传的内容；内页还能设计详细的反映商品方面的内容。因为没有种种限制，所以成本比较低，发布范围广，是很多商店、公司做宣传的首选。

本项目主要讲解如何使用 Photoshop CC 2018 来设计制作折页，通过对毕业典礼节目单、元旦贺卡、招生宣传画册以及书籍封面的设计制作，学会渐变工具、油漆桶工具、橡皮擦工具和滤镜工具等的使用。

能力目标

◎ 能根据宣传折页的特点及要求设计制作折页广告。

◎ 能使用滤镜命令对图像做特殊效果处理。

◎ 能使用魔棒工具进行抠图。

◎ 能使用图层样式设置颜色叠加、投影等效果。

◎ 能使用仿制图章工具修复图像。

◎ 能使用调整图层改变图像的色彩和色调。

素质目标

◎ 培养制作宣传折页的规范意识。

◎ 提高创造力和沟通能力。

任务一　设计节目单

任务描述

本任务是利用滤镜工具、图层混合模式、图层蒙版以及调整图层等设计制作学校毕业典礼晚会的节目单。节目单分为正、反两页，本任务主要完成的是节目单的正面和内页的设计，最终效果如图 5-1-1 和图 5-1-2 所示。

图 5-1-1　节目单正面效果图

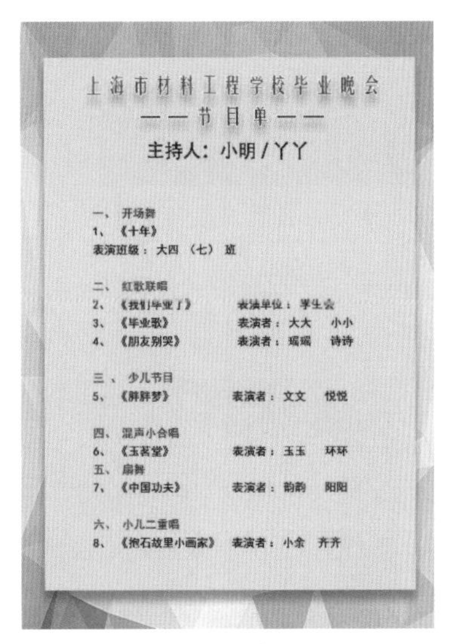

图 5-1-2　节目单内页效果图

重点和难点

重点：能使用波浪滤镜和晶格化滤镜制作图像的纹理效果。

难点：能正确设置滤镜的参数。

设计节目单视频

方法与步骤

1. 节目单正面设计

（1）选择“文件”→“新建”命令，打开“新建”对话框。设置预设详细信息为“节目单正面 .psd”，宽度为 21 厘米，高度为 29.7 厘米，分辨率为 150 像素 / 英寸，颜色模式为 CMYK，背景内容为白色，单击“确定”按钮。

（2）在“图层”面板中创建一个新图层，命名为“背景纹理”。使用“渐变工具” 为图层填充“浅蓝（#92c3e7）到淡白（#d9e8f3）到深蓝（#62617c）”的三色渐变，如图 5-1-3 所示。选择“滤镜 / 扭曲 / 波浪”命令，为“背景纹理”图层添加“波浪”滤镜，具体参数设置如图 5-1-4 所示。然后再选择“滤镜”→“像素化”→“晶格化”

命令，具体参数设置如图 5-1-5 所示。使用滤镜后的背景如图 5-1-6 所示。

图 5-1-3　设置三色渐变填充

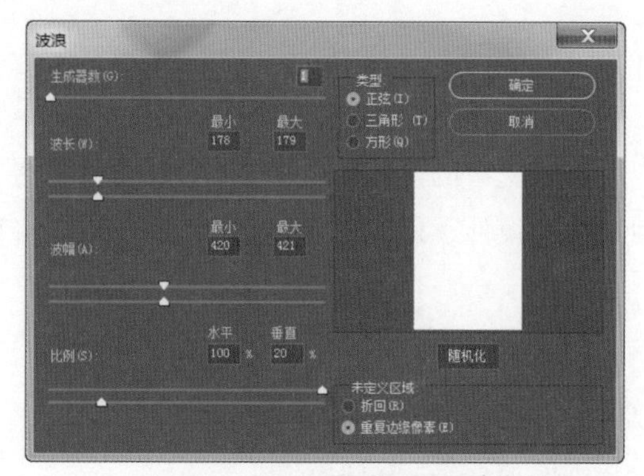

图 5-1-4　“波浪”滤镜

图 5-1-5　“晶格化”滤镜

图 5-1-6　使用滤镜后的背景

（3）将“背景纹理”图层复制一层，选择“编辑”→“变换”→“旋转”命令，将“背景纹理拷贝”图层旋转 180°，然后将图层的混合模式改为“正片叠底”，效果如图 5-1-7 所示。

图 5-1-7　正片叠底效果

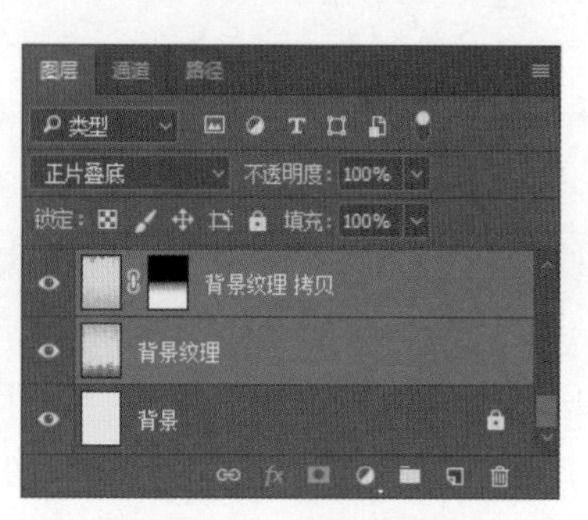

图 5-1-8　“图层”面板

（4）为“背景纹理拷贝”图层添加图层蒙版，使用“渐变工具” 为图层蒙版填充“黑到白渐变”，“图层”面板如图 5-1-8 所示。单击“图层”面板下方的“创建新的填充或调整图层”按钮，在弹出的菜单中选择“亮度 / 对比度”命令，新建一个名为“亮度 / 对比度 1”的调整图层，在设置“亮度 / 对比度”属性面板中，设置亮度为 40，如图 5-1-9 所示。右击“亮度 / 对比度 1”图层，选择“创建剪贴蒙版”命令，图像效果如图 5-1-10 所示。

图 5-1-9 “亮度 / 对比度”属性

图 5-1-10 图像效果

（5）使用“矩形工具” 绘制一个比画布小一圈的矩形，设置填充色为“无颜色”，描边颜色为“黑色”，描边宽度为“3 像素”，如图 5-1-11 所示。

（6）置入素材文件“线稿 .jpg”，在“图层”面板中右击该图层，选择“栅格化图层”命令，将智能图层转换为图像图层。选中“魔棒工具” ，单击“线稿”图像上的白色背景，设置选项栏上的容差值 20，按【Delete】键，清除图像中的白色背景。选择“编辑”→“变换”→“缩放”命令，适当调整图像的大小，如图 5-1-12 所示。

图 5-1-11 绘制矩形

图 5-1-12 置入素材

（7）置入素材“田字格 .jpg”，使用上述去除“线稿”图层白色背景相同的方法，去除“田字格”图层的白色背景，并适当调整图像大小，然后为该图层添加黑色的“颜色叠加”图层样式效果。复制“田字格”图层两次，使用“移动工具”将其中的两个“田字格”分别移到节目单中间位置的左、右两侧，然后选中 3 个田字格图层，单击“移动工具”选项栏上的“水平居中分布”按钮，使 3 个田字格图像水平均匀分布，如图 5-1-13 所示。

（8）使用“横排文字工具”分别输入“节”“目”“单”，为文字设置合适的字体、字号和颜色。然后选中这 3 个文字层，按【Ctrl+G】组合键，将文字编组，并为新编组添加“斜面浮雕”、“描边”、“内发光”和“投影”图层样式效果，如图 5-1-14 所示。

图 5-1-13　置入“田字格”

图 5-1-14　输入“节”“目”“单”

（9）使用“横排文字工具”在节目单的上方输入主题文字“青春不散场”，设置字体为“华文行楷”，字号为“125 点”，为其添加“描边”、“渐变叠加”和“投影”图层样式效果，如图 5-1-15 所示。

（10）置入素材文件“炫光 .jpg”，移动到“不”字的右上角，并将该图层的混合模式改为“滤色”，如图 5-1-16 所示。为该图层添加图层蒙版，使用画笔工具在图层蒙版上将炫光周围没有处理干净的背景涂成“黑色”进行隐藏。

图 5-1-15　输入主题文字并设置图层样式

图 5-1-16　为主题文字添加炫光效果

（11）继续使用“横排文字工具” T 在主题文字的下方分别输入副标题各部分文字，设置合适的字体、字号及颜色，具体内容及位置如图 5–1–17 所示。节目单正面的整体效果如图 5–1–1 所示，最后保存“节目单正面 .psd”文件。

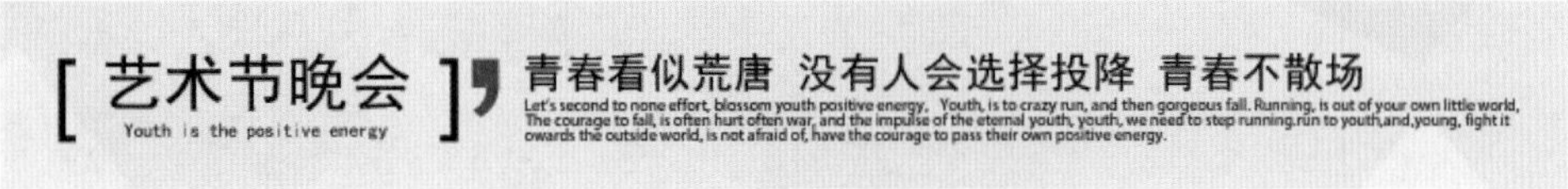

图 5–1–17　输入副标题各部分文字

2. 节目单内页设计。

（1）选择“文件”→“新建”命令，打开“新建”对话框。设置预设详细信息为“节目单内页 .psd”，设置宽度为 21 厘米，高度为 29.7 厘米，分辨率为 150 像素 / 英寸，颜色模式为 CMYK，背景内容为白色，单击“确定”按钮。

（2）置入素材文件“背景 .jpg”，调整大小，铺满整张画布。然后使用“矩形工具”绘制一个比画布小一圈的矩形，设置填充色为浅蓝色（# c1e1f5），描边颜色为“无颜色”，并为图层添加“投影”图层样式效果，如图 5–1–18 所示。

（3）使用“横排文字工具” T 在上方输入标题文字“上海市材料工程学校毕业晚会——节目单——”，两行显示，字体为“方正姚体”，字号“28 点”，为其添加“白色”的“描边”图层样式，“红，深红”的“渐变叠加”图层样式和“投影”的图层样式效果。在标题下方输入“主持人：小明 / 丫丫”，字体“黑体”，字号“27 点”，如图 5–1–19 所示。

图 5–1–18　设置背景图形

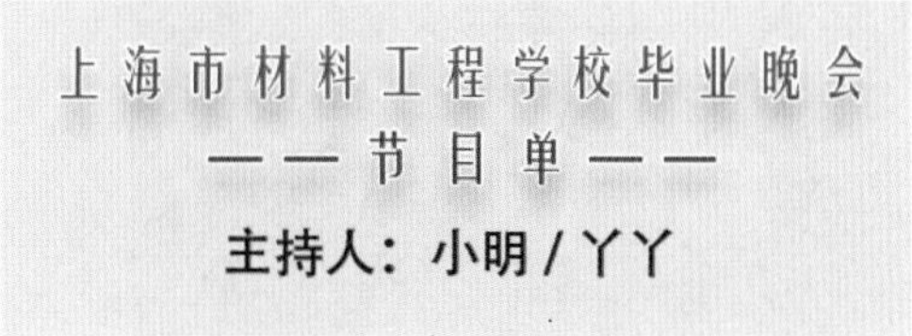

图 5–1–19　输入标题文字

（4）继续使用“横排文字工具” T 在标题文字下方输入节目内容，具体文字效果如图 5–1–20 所示。

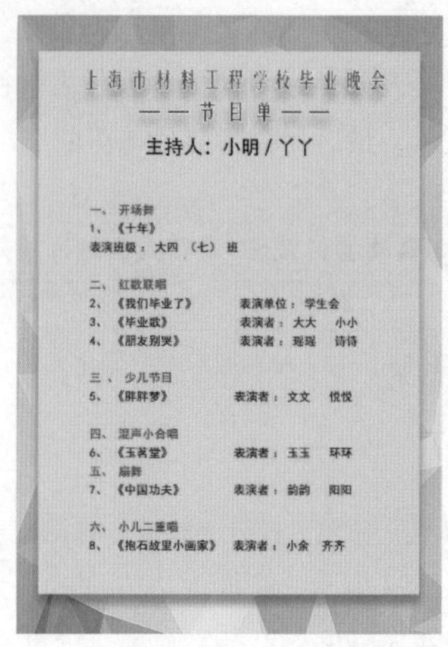

图 5-1-20　文字效果图

设计元旦贺卡折页视频

任务二　设计元旦贺卡折页

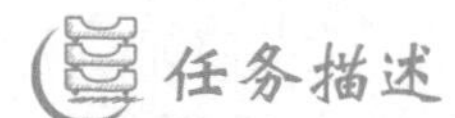

任务描述

本任务是利用画笔工具、魔棒工具、变换命令、图层蒙版、调整图层等设计制作元旦的元旦贺卡。主要是从贺卡展开后的封面和内页两部分来进行设计制作，最终效果如图 5-2-1 和图 5-2-2 所示。

图 5-2-1　元旦贺卡展开后的封面效果

图 5-2-2　元旦贺卡展开后的内页效果

重点和难点

重点：能使用色相 / 饱和度图层对图像进行色彩的调整。

难点：能根据主题合理选用色彩进行画面的布局。

方法与步骤

1. 设计元旦贺卡的封面

（1）选择“文件”→“新建”命令，打开“新建”对话框。设置预设详细信息为“元旦贺卡封面 .psd”，宽度为 21 厘米，高度为 20 厘米，分辨率为 300 像素 / 英寸，颜色模式为 CMYK，背景内容为白色，单击“确定”按钮。选择“视图”→“新建参考线”命令，新建一条水平 10 厘米的参考线，将画布分为上、下两个区域。

（2）置入素材文件“背景图 .jpg”，调整图像大小并移动到画布的下半部分。置入素材文件“灯笼 .png”，调整大小和位置。复制“灯笼”图层二次，适当调整大小和位置，如图 5-2-3 所示。在“图层”面板中，选中除背景层以外的所有图层，按【Ctrl+G】组合键，将图层进行编组，将组命名为“背景下”。

（3）置入素材文件“云纹边 .jpg”，右击该图层，选择“栅格化图层”命令，将智能图层转化为图像图层。选中“魔棒工具”，在选项栏中取消选择“连续”选项，然后单击“祥云”图层中的白色背景，按【Delete】键将背景全部删除，移动“云纹边”位置，如图 5-2-4 所示。置入素材文件“蝴蝶结 .jpg”，使用“魔棒工具”，去除背景的白色背景，可按住【Shift】键的同时多次点击背景，以获得较大的选区，这样删除的背景会更干净。调整“蝴蝶结”的大小，并放置在右上角位置。

图 5-2-3　置入“背景图”和“灯笼”

图 5-2-4　置入“云纹边”

（4）置入素材文件“祥云 .jpg”“祥云阴影 .jpg”，分别用步骤（3）的方法去除图像的白色背景，并调整大小后移动到适当的位置。将“祥云阴影”图层移动到“祥云”图层的下方，并为其添加“暗红色 #7e191e”的“颜色叠加”图层样式，具体效果如图 5-2-5 所示。选中“祥云阴影”和“祥云”图层，复制图层，将新复制出的“祥云阴影拷贝”和“祥云拷贝”图层水平翻转，移动到适当位置。

（5）创建一个新图层，命名为“刷痕”。将前景色设置为白色，选中“画笔工具”，将笔刷设为“旧版画笔 / 平扇形多毛硬毛刷”，笔刷大小设为 100，按住【Shift】键的同时用鼠标在画布上拖出一条白色痕迹，如图 5-2-6 所示。

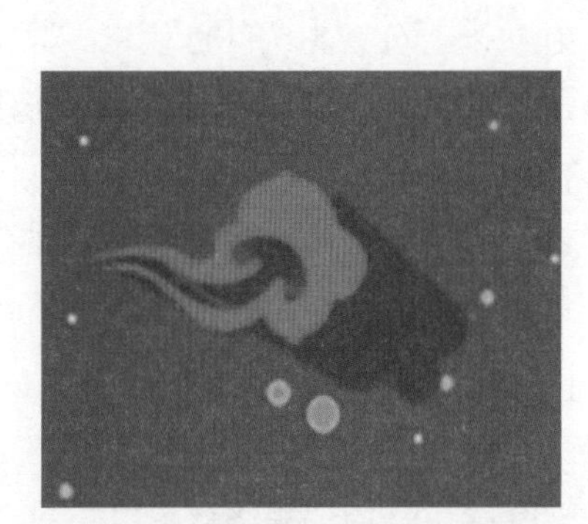
图 5-2-5 “祥云”和“祥云阴影”

图 5-2-6 绘制白色“刷痕”

（6）使用“横排文字工具” T 在贺卡的正面输入文字，文字整体效果如图 5-2-7 所示。

其中，“2019”设置字体为 Impact，字号为 80 点，添加“橙、黄、橙”的“渐变叠加”图层样式、内斜面的“斜面和浮雕”图层样式和黑色的“描边”图层样式；“恭贺新禧”设置字体为汉仪尚巍手书，字号为 72 点，颜色为 #ebdc78，内斜面的“斜面和浮雕”图层样式；“猪 / 年 / 大 / 吉 恭 / 贺 / 新 / 禧”设置字体为黑体，字号为 14 点。

再次选中除背景图层以外的所有图层，按【Ctrl+G】组合键，将图层进行编组，将组命名为“贺卡正面”。

（7）选中“图层”面板中的图层组“背景下”，将其拖动到“创建新图层”按钮上，将新图层组命名为“贺卡背面”，并将图层拖动到“贺卡正面”图层组上方。选中图层组“贺卡背面”，使用移动工具将图像移动到画布上半部分，选择“编辑”→“变换”→“旋转”命令，将图层组中的图像全部旋转 180°，如图 5-2-8 所示。

（8）图层组“贺卡背面”中，复制“背景图”图层，对新图层选择“编辑”→“变换”→“水平翻转”命令，并添加图层蒙版，使用画笔工具将贺卡背面的“树”全部隐藏，如图 5-2-9 所示。“图层”面板的效果如图 5-2-10 所示。

（9）在“贺卡背面”图层组中，置入素材文件“建筑 .jpg”，将图层混合模式改为“浅色”，调整图像大小并旋转 180°，移动到画布的最上方。置入“福袋 .png”，去除图像的白色背景后，调整图像大小并旋转 180°，得到最终的元旦贺卡封面效果（见图 5-2-11），最后保存文件。

图 5-2-7 贺卡正面文字效果

图 5-2-8 复制出“背景上”图层组

图 5-2-9 隐藏贺卡背面的“树”

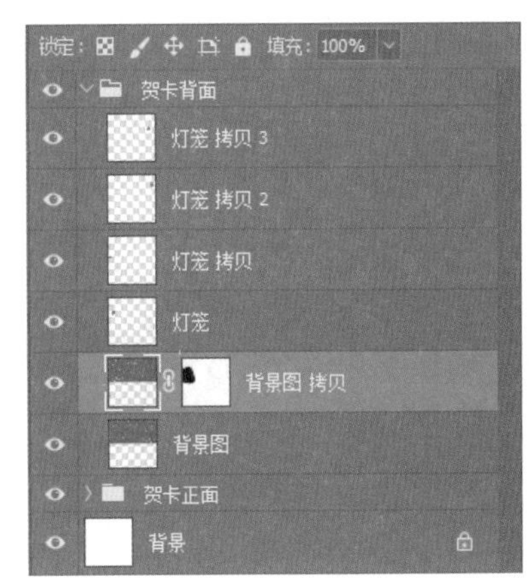

图 5-2-10 “图层”面板

图 5-2-11 元旦贺卡封面效果图

2. 设计元旦贺卡内页

（1）选择“文件”→“新建”命令，打开“新建”对话框。设置预设详细信息为“元旦贺卡内页 .psd”，宽度为 21 厘米、高度为 20 厘米，分辨率为 300 像素 / 英寸，颜色模式为 CMYK，背景内容为白色，单击“确定”按钮。选择“视图”→“新建参考线”命令，新建一条水平 10 厘米的参考线，将画布分为上、下两个区域。

（2）打开“元旦贺卡封面 .psd”文件，在“图层”面板中右击“背景下”图层组，选择“复制组”命令，在打开的对话框中将“背景下”图层组复制到“元旦贺卡内页 .psd”文件中（见图 5-2-12），单击“确定”按钮关闭对话框。

（3）在“元旦贺卡内页 .psd”文件中，选中“背景下”图层组中的“背景层”图层，单击“图层”面板中的“创建新的填充或调整图层”按钮，在“背景层”上方创建一个“色相 / 饱和度 1”图层，右击该调整图层，选择“创建剪贴图层”命令。同时，在“属性”面板中，选中“着色”复选框，设置色相为 44，饱和度为 100，明度为 17，如图 5-2-13 所示。画布中的图像效果如图 5-2-14 所示。

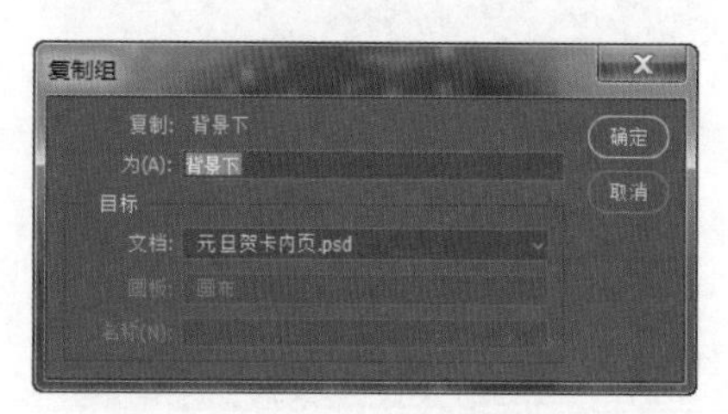

图 5-2-12　复制组对话框

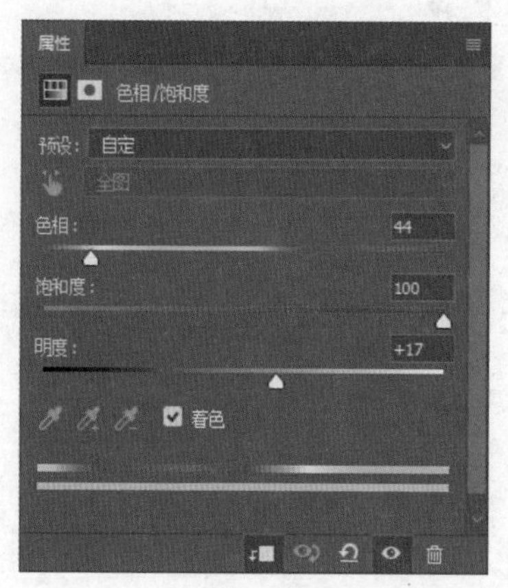

图 5-2-13　“色相 / 饱和度”属性设置

（4）置入素材文件“建筑 .jpg”，将图层混合模式改为“浅色”，移动到画布最下方，如图 5-2-15 所示。

图 5-2-14　添加调整图层后的效果

图 5-2-15　置入素材“建筑”

（5）使用“圆角矩形工具”在画布下方绘制一个圆角矩形，选项栏中设置填充色为 #fffef8，描边颜色为“无颜色”，为图层添加“斜面浮雕”和“投影”图层样式。在“斜面浮雕”图层样式中选中“纹理”选项，纹理添加“旧版图案”类别，如图 5-2-16 所示。选中里面的“水平排列”图案纹理，再绘制一个稍小一点的圆角矩形，设置填充色为“无颜色”，描边颜色为“暗红色（#b71d22）”，宽度为“8 像素”，线型为“实线”，如图 5-2-17 所示。

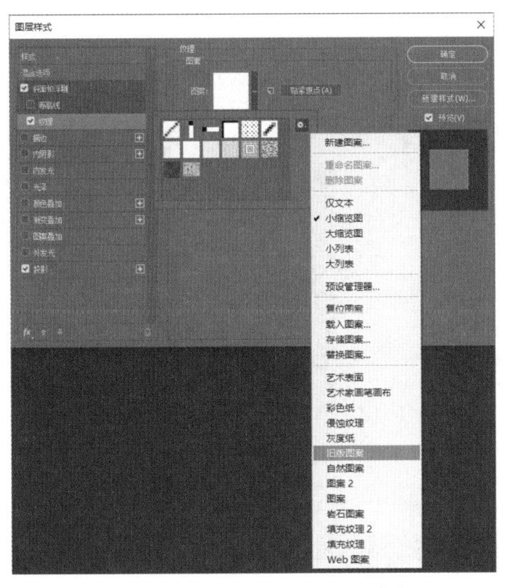

图 5-2-16 “斜面浮雕”图层样式的设置

（6）使用“横排文字工具”在矩形框内输入中英文新年祝福语“亲爱的朋友：……”等，设合适的字体和字号。在矩形框下方绘制小圆形状，输入“元旦快乐”，字体大小自定，如图 5-2-18 所示。将所有的图层全部选中，按【Ctrl+G】组合键，将图层进行编组，将组命名为“贺卡内页下”。

图 5-2-17 绘制两个圆角矩形

图 5-2-18 输入祝福文字

（7）选中“图层”面板中的图层组“背景下”，将其拖动到“创建新图层”按钮上，将新图层组命名为“贺卡内页上”，并将图层组拖动到“贺卡内页下”上方。选中图层组“贺卡内页上”，使用“移动工具”将图像移动到画布上半部分，如图 5–2–19 所示。

（8）图层组“贺卡内页上”中，复制“背景图”图层，对新图层选择“编辑”→“变换”→“水平翻转”命令。选中“背景图”和“背景图拷贝”图层，按【Ctrl+G】组合键，将图层进行编组。右击“色相 / 饱和度”图层，选择“创建剪贴蒙版”命令。然后为“背景图拷贝”图层添加图层蒙版，使用画笔工具将下面图层中右侧的“树”全部显示出来，效果如图 5–2–20 所示，图层面板的效果图 5–2–21 所示。

图 5–2–19　复制出“背景上”图层组

图 5–2–20　显示“树”素材

（9）置入素材文件“云纹边 .jpg”，去除图像中的白色背景，然后单击“图层”面板中的“创建新的填充或调整图层”按钮，在“云纹边”图层上方创建一个“色相 / 饱和度 2”图层，右击该图层，选择“创建剪贴图层”命令。同时，在“属性”面板中，选中“着色”复选框，设置色相为 0，饱和度为 100，明度为 –37，如图 5–2–22 所示。画布中的图像效果如图 5–2–23 所示。

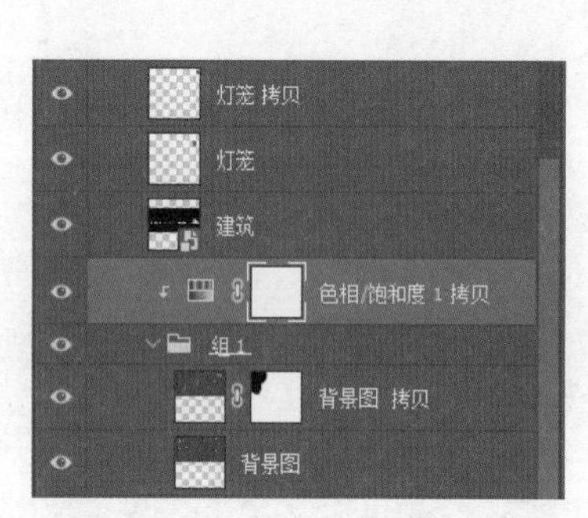

图 5–2–21　“图层”面板的效果

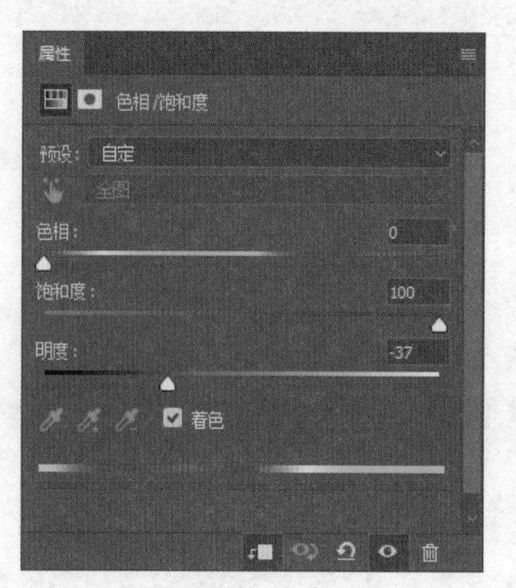

图 5–2–22　“色相 / 饱和度”属性设置

（10）使用“横排文字工具” T 在矩形框内输入主题文字“欢度元旦”和“HAPPY NEW YEAR”等，设合适的字体、字号和颜色，为文字层添加“土黄色 #bb8818”的“描边”图层样式，最终效果如图 5-2-24 所示。最后保存文件。

图 5-2-23　置入“云纹边”素材

图 5-2-24　输入主题文字

任务三　设计学校招生宣传画册

任务描述

本任务是利用文字工具、仿制图章工具、路径选择工具、形状绘图工具和剪贴蒙版等设计制作学校对外招生的宣传画册。本任务中的宣传画册是按三折页来制作的，完成的是三折页的外正面设计，最终效果如图 5-3-1 所示。

图 5-3-1　招生宣传画册三折页效果图

设计学校招生宣传画册视频

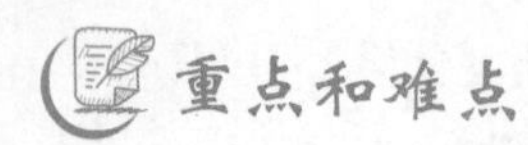

重点和难点

重点：能使用形状绘图工具绘制圆角矩形、椭圆形、多边形、直线以及自定义形状等。

难点：能使用“仿制图章工具”修复图像。

方法与步骤

1. 新建画布

（1）选择“文件”→“新建”命令，打开“新建”对话框。设置预设详细信息为“学校招生宣传画册设计——外正面 .psd”，宽度为 30 厘米、高度为 21.5 厘米，分辨率为 300 像素 / 英寸，颜色模式为 RGB，背景内容为白色，单击确定。

（2）选择“视图”→“新建参考线”命令，分别新建一条垂直 10 厘米和一条垂直 20 厘米的参考线，将画布分为左折页、中折页、右折页 3 个区域，如图 5-3-2 所示。

2. 设计右折页图

（1）在“图层”面板下方单击“创建新组”按钮，并将组名改为“右折页图组”。置入素材“学校 .jpg”，并调整到合适大小。在“图层”面板中右击“学校”图层，在弹出的快捷菜单中选择“栅格化图层”命令，将“学校”图层转换为普通图层。选中“矩形选框工具”，选中学校的右半部分，按【Shift+Ctrl+I】组合键将选区反选，按【Delete】键，删除多余的图像，效果如图 5-3-3 所示。

图 5-3-2　建立参考线

图 5-3-3　删除“学校”图像多余部分

（2）选中工具栏中的“钢笔工具”，将选项栏中的模式改为“形状”，填充颜色改为 #f29500，描边设为“无”，如图 5-3-4 所示。

图 5-3-4　钢笔工具选项栏

（3）使用钢笔分别在学校图像的左上角和右下角绘制两个大小不同的橙色三角形。调整钢笔的填充色为 # 252525，在学校的左下角绘制灰色三角形，具体大小和位置如图 5–3–5 所示。绘制好形状后，还可以利用工具栏中的“路径选择工具” 或“直接选择工具” ，对绘制好的形状进行微调。

3. 设计右折页文字

在“图层”面板中“创建新组”，改名为“右折页文字组”。在该组中分图层输入各主题文字，文字整体效果如图 5–3–6 所示。

图 5–3–5　三角图形大小位置

图 5–3–6　右折页文字

（1）设置“招生宣传画册”的字体为“微软雅黑”，字号为 40 点。为图层添加“渐变叠加”的图层样式，设置渐变颜色为 #f29500 和 #e84b09，如图 5–3–7 所示。

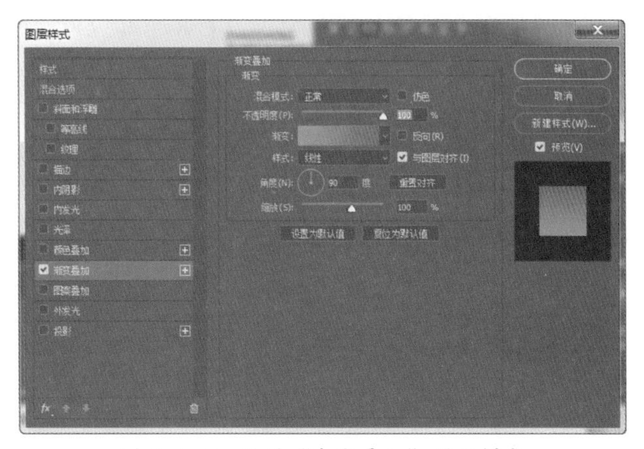

图 5–3–7　设置“渐变叠加”图层样式

（2）设置“上海市材料工程学校”的字体为“微软雅黑”，字号为 17 点，字符间距为 280，颜色为黑色。

（3）设置“自尊 · 理性 · 超越 · 和谐”的字体为“微软雅黑”，字号为 12 点，字符间距为 300，颜色为白色。

（4）设置 LOOKING FORWATD TO YOUR PAE-TICIPATION. 的字体为 Myriad Pro，字号为 12 点，字符间距为 75，行距为 18 点，颜色为黑色。设置为两行效果。

（5）设置 ZHAOSHENG 和 XUANCHUANHUACE 的字体为“微软雅黑”，字号为 12 点，字符间距为 75，颜色为黑色。

（6）设置“自尊 · 理性”的字体为“Adobe 黑体 Std”，字号为 14 点，字符间距为 75，颜色为白色。

（7）设置“厚德强技　励志笃行”的字体为“Adobe 黑体 Std”，字号为 9 点，字符间距为 75，颜色为白色。

（8）虚线条。虚线条可以用字符短横线“–”来制作，设置字体为“微软雅黑”，字号为 17 点，字符间距为 20。

（9）利用矩形形状工具绘制出 #f29500 到 #e84b09 的渐变色矩形，图层位置置于“自尊 · 理性 · 超越 · 和谐”下方。在“自尊 · 理性”左侧，利用直线工具绘制白色线条。

（10）调整各图层的位置关系，最终获得如图 5–3–6 所示的效果。

4. 设计中折页图

（1）在“图层”面板中创建新组，命名为“中折页图组”。选中“椭圆工具”，选项栏中的模式设为“形状”，按住【Shift】键的同时拖动鼠标，在中折页上部位置绘制一个正圆形，“图层”面板中生成“椭圆 1”图层。

（2）复制“椭圆 1”图层，将新图层改名为“椭圆 1 圈”。将“椭圆 1 圈”的填充颜色设置为“无颜色”，描边颜色改为 #f29500，宽度设置为“18 像素”。

（3）置入素材“学校 2.jpg”，调整其在画布中的大小和位置。在“图层”面板中，将“学校 2”图层拖动到“椭圆 1”图层上方，并在“学校 2”图层上右击，在弹出的快捷菜单中选择“创建剪贴蒙版”命令，效果如图 5–3–8 所示，“图层”面板中的信息如图 5–3–9 所示。

图 5–3–8　中折页图效果

图 5–3–9　“图层”面板

5. 设计中折页文字

在“图层”面板中创建新组，命名为“中折页文字组”。在该组中分图层输入各信息文字，效果如图 5-3-10 所示。

图 5-3-10　中折页文字效果

（1）设置“期待你的加入”的字体为“Adobe 黑体 Std”，字号为 18 点，字符间距为 75，颜色为黑色。

（2）设置“今生，我……”的字体为“Adobe 黑体 Std”，字号为 8 点，字符间距为 100，行距为 14 点，颜色为黑色。设置为多行效果。

（3）设置 YOUR COMPANY NAME 的字体为 Impact，字号为 18 点，字符间距为 0，颜色为黑色。

（4）设置“咨询：……”的字体为“微软雅黑”，字号为 10 点，字符间距为 0，行距为 10 点，颜色为黑色。设置为四行显示。

（5）使用“圆角矩形工具”，设置选项栏（见图 5-3-11），绘制一个圆角矩形。使用“直线工具”，设置选项栏（见图 5-3-12），绘制一条直线。

图 5-3-11　圆角矩形工具选项栏

图 5-3-12　直线工具选项栏

（6）置入素材“二维码图片.jpg”，调整大小并拖动到画布中合适的位置。调整各图层位置关系，最终得到如图 5-3-10 所示效果。

6. 设计左折页图

（1）在“图层”面板中创建新组，改名为“左折页图组”。选中“矩形工具”，将选项栏中的模式设为“形状”，在左折页的下半部分绘制一个矩形，将图层名字改为“斜角矩形”。选中“直接选择工具”，用鼠标框选住矩形的左上角控制点，向下拖动该控制点，使图形变得不规则，如图 5-3-13 所示。

（2）打开素材文件“学校校训.jpg”，去除图像中的射灯。选中“仿制图章工具”，将笔刷调整为“柔边圆”，大小为“50 像素”，硬度为 0%，按住【Alt】键，在左下被阳光照射到的草地处单击，获得取样点图像，然后松开【Alt】键，使用鼠标涂抹阳光中的黑色射灯，将其去除。用同样方法，在阴影中的草地上取样，然后涂抹去除阴影中的黑色射灯，效果如图 5-3-14 所示。

图 5-3-13　绘制不规则四边形

图 5-3-14　用仿制图章去除黑色射灯

（3）使用“移动工具”，将修改后的“学校校训”素材图像拖动到“学校招生宣传画册设计——外正面.psd”中，并将图层名字改为“学校校训”。将图层移动到“斜角矩形”图层上方，调整其在画布中的大小和位置，并将其创建为剪贴蒙版，如图 5-3-15 和图 5-3-16 所示。

图 5-3-15　创建剪贴蒙版后的效果

图 5-3-16　“图层”面板

（4）使用“钢笔工具”，绘制两个三角形图案，填充颜色为 #f29500，大小和位置如图 5-3-17 所示。可适当调整图像的不透明度和填充值。

图 5-3-17　绘制两个三角形

7. 设计左折页文字

（1）在“图层”面板中创建新组，命名为“左折页文字组”。使用“横排文字工具” 在左折页上方输入SHANGHAI MATERIAL ENGINEERING SCHOOL，字体为“Adobe 黑体 Std”，字号为 14 点，行距为 18 点，颜色为 #f29500，设置为两行显示。输入“上海市材料工程学校”，字体为“Adobe 黑体 Std”，字号为“24 点”，颜色为 #f29500，效果如图 5-3-18 所示。

（2）使用矩形工具 绘制橙色矩形。使用横排文字工具 输入“学校简介”，字体为“Adobe 黑体 Std”，字号为“18 点”，颜色为白色。选择“文件”→“置入嵌入对象”命令，置入素材“阴影 1.png”“阴影 2.png”，将图层的透明度均改为 60%，调整大小和位置，如图 5-3-19 所示。

SHANGHAI
MATERIAL ENGINEERING SCHOOL
上海市材料工程学校

图 5-3-18　输入左折页上方文字

学校介绍

图 5-3-19　置入阴影素材

（3）使用横排文字工具输入“上海市材料……”，字体为“Adobe 黑体 Std”，字号为“8 点”，颜色为黑色。输入“学校秉持……”和“学校注重……”，字体为“Adobe 黑体 Std”，字号为“8 点”，行距为“6 点”，字符间距为“20”，颜色为黑色。

（4）绘制项目符号图形，如图 5-3-20 所示。使用“矩形工具” 和“钢笔工具绘制” 绘制矩形和三角形，颜色为 #f29500。选中“自定义形状工具” ，在选项栏中设置模式为“形状”，填充色为 #ebebeb，描边为“无颜色”，在形状下拉列表中选✔，如图 5-3-21 所示。

（5）复制步骤（4）中的图像，并调整颜色为 #252525 和 #f29500。将两个项目符号的位置移动到两段介绍文字左侧，如图 5-3-22 所示。最终三折页正面的整体效果见图 5-3-1。

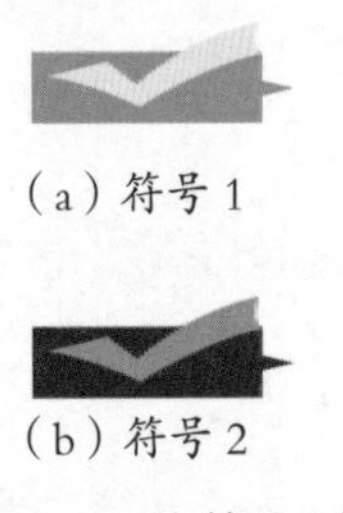

（a）符号 1

（b）符号 2

图 5-3-20　绘制项目符号

图 5-3-21　自定义形状

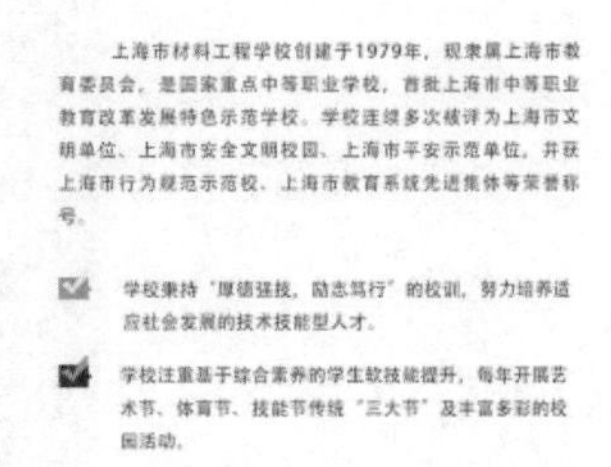

图 5-3-22　项目符号位置

任务四　设计儿童书籍封面

任务描述

书籍是开启人类知识海洋的钥匙，儿童在学习阶段更是离不开书籍的指引，本任务利用滤镜工具、选区工具、形状绘图工具、图层样式和图层蒙版等设计制作儿童书籍封面、背面和书脊，最终效果如图 5-4-1 所示。

重点和难点

重点：能使用图层蒙版隐藏图像中的部分内容。

难点：能使用滤镜对图像做特殊效果处理。

图 5-4-1　儿童书籍封面效果图

设计儿童书籍封面视频

方法与步骤

1. 制作书籍封面底色

（1）选择“文件”→“新建”命令，打开“新建”对话框。设置预设详细信息为“儿童书籍封面设计.psd”，设置宽度29.7厘米、高度21厘米，分辨率为300像素/英寸，颜色模式为RGB，背景内容为白色，单击“确定”按钮。

（2）选择“视图”→“新建参考线”命令，分别新建一条垂直14.3厘米和一条垂直15.4厘米的参考线，将画布分为书的背面（左）、书脊（中）、正面（右）3个区域，如图5-4-2所示。

（3）在“图层”面板中创建一个新图层，命名为“正面背景色”。使用“矩形选框工具”在画布的右侧区域绘制一个矩形选区，使用“渐变工具”对选区填充“浅粉色（#fddeeb）到白色到浅蓝色（#a7d9f6）”的渐变色，渐变编辑器中的颜色设置如图5-4-3所示，画布上的效果如图5-4-4所示。

图5-4-2　设置参考线位置

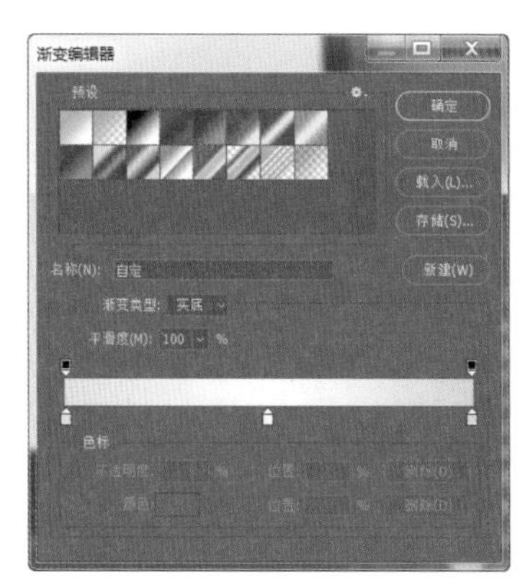

图5-4-3　渐变编辑器设置

图5-4-4　右侧区域填充渐变色

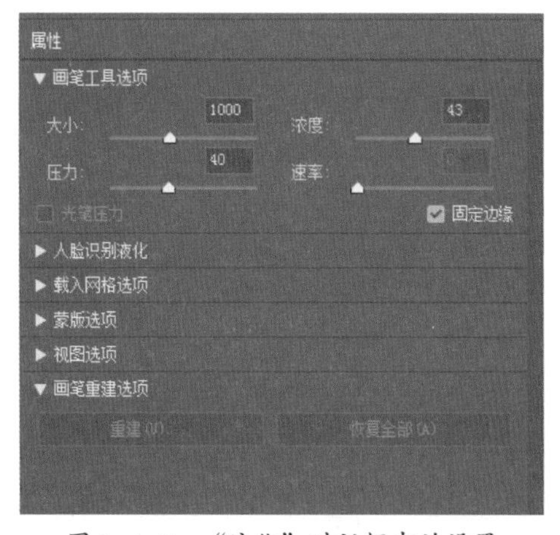

图5-4-5　“液化”对话框中的设置

（4）选择“滤镜”→“液化”命令，打开“液化”对话框。选中对话框左侧的“向前变形工具”，在右侧的画笔工具选项中将大小改为1000，压力改为40，选中“固定边缘”复选框，如图5-4-5所示。然后在对话框中的画面上，按住鼠标左键由边缘往内以画圈的方式慢慢逆时针拖动鼠标三圈，将浅粉色和浅蓝色搅动在一起，单击“确定”按钮，退出对话框，画布上的效果如图5-4-6所示。

（5）复制“正面背景色”图层，新图层命名为“背面背景色”，移动到左侧区域，选择“编辑”→“变换”→“水平翻转”命令，如图5-4-7所示。

图5-4-6　使用“液化”滤镜后的效果

图5-4-7　复制出背面背景色

（6）按【Ctrl+D】组合键，取消选区，选中“正面背景色”图层，使用“橡皮擦工具”，设置笔刷为“柔边圆”，大小为“1000像素”，轻轻擦除左上角和右下角颜色较丰富的地方，如图5-4-8右侧区域所示。然后选中“背面背景色”图层，选择“滤镜”→“像素化”→“晶格化”命令，单元格大小设置为100，如图5-4-9所示。单击“确定”按钮，退出“晶格化”对话框，看到画布效果如图5-4-8左侧区域所示。

图5-4-8　制作好的书籍背景效果

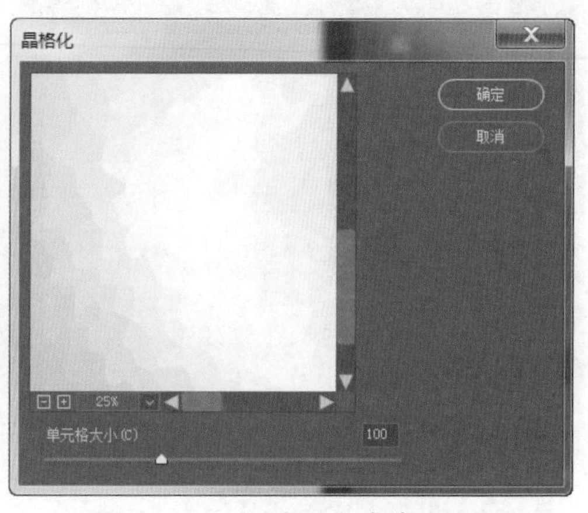

图5-4-9　“晶格化”滤镜对话框

2. 设计书籍封面

（1）置入素材文件“菱形图 .jpg”，移动到右侧，即书的正面区域，同比例缩放图像大小，与正面区域同宽。右击该图层，选择“栅格化图层”命令，将智能图像图层转换为图像图层。使用“魔棒工具”删除“菱形图”图层中的白色背景，然后使用“橡皮擦工具”擦除“菱形图”图层中除菱形以外的所有图像内容，如图 5-4-10 所示。

（2）使用“矩形选框工具”框选“菱形图”中的上半部分菱形，然后使用“移动工具”将上半部分菱形移动到如图 5-4-11 所示位置。按【Ctrl+D】组合键，取消选区。再次使用“矩形选框工具”框选“菱形图”中下半部分的部分菱形并删除，如图 5-4-12 所示。

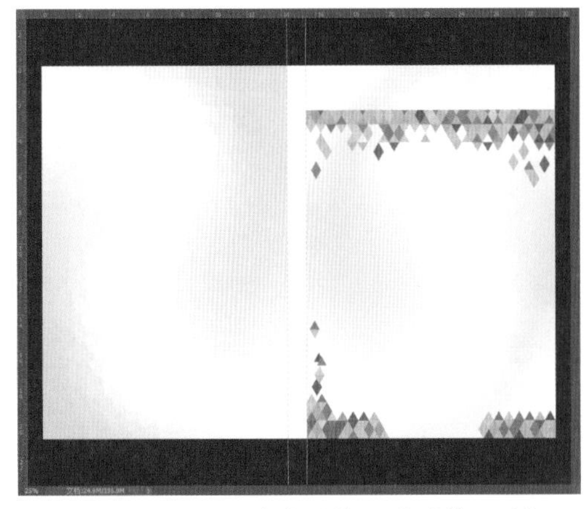

图 5-4-10　删除多余图像后的“菱形图”

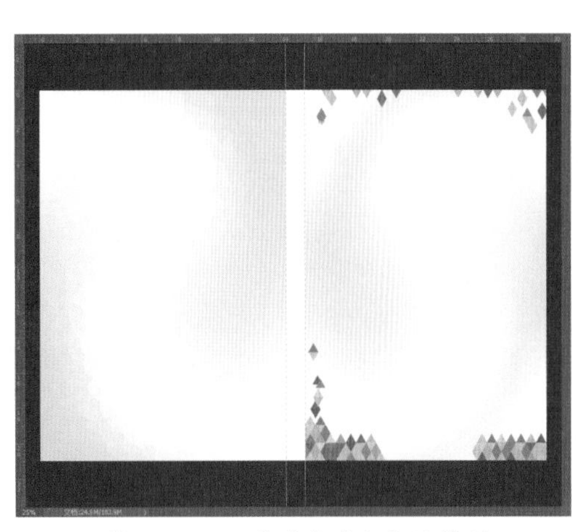

图 5-4-11　移动上半部分的菱形

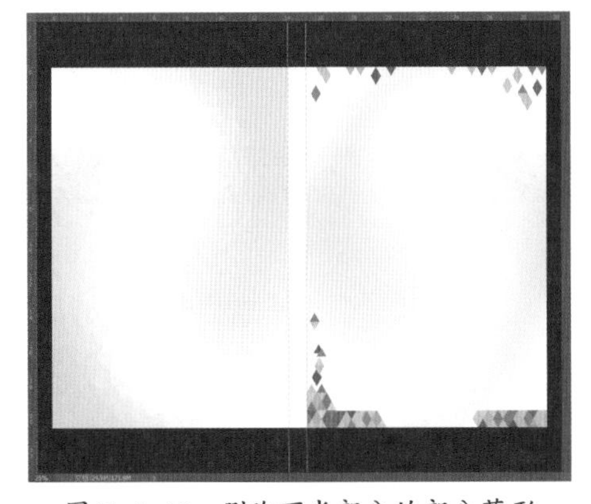

图 5-4-12　删除下半部分的部分菱形

图 5-4-13　添加部分素材后的效果

（3）添加部分素材文件，如图 5-4-13 所示进行制作。置入素材文件“儿童看书 .png”，移动到画布下半部分，然后复制该图层，将“儿童看书拷贝”图层的混合模式设置为“正片叠底”。置入素材文件“纸飞机 .jpg”，用前面介绍过的方法去除纸飞机的白色背景，移动纸飞机到合适位置。置入素材文件“书本.jpg”，栅格化图层后，使用“磁性套索工具”将书本选取出来，如图 5-4-14 所示。选择“选择”→“反选”命令，删除书本图像中的其余背景，调整书本大小并移动到合适位置。

（4）置入素材文件“书籍.jpg”，使用“魔棒工具”点击要选区的书籍颜色，按住【Shift】键再单击可以补选其他颜色的书籍，如图 5-4-15 所示。单击“图层”面板中的“添加图层蒙版”按钮为选中的“书籍”添加图层蒙版，调整书籍大小并移动到合适位置。

（5）输入书籍名称。使用“横排文字工具”在书籍封面中间位置输入文本“科学故事”和“HAPPY READ”，选用合适的字体、字号及颜色，调整行间距和字符间距，然后为两个文字层分别添加 12 像素的白色“描边”的图层样式，效果如图 5-4-16 所示。

图 5-4-14　选取书本图像

图 5-4-15　选取需要的书籍

图 5-4-16　输入书籍名称

（6）置入素材文件“书籍.jpg”，使用和步骤（4）相似的添加图层蒙版的方法，选出横卧的书本，调整大小后，移动到文本“科学故事”上方，效果如图 5-4-17 所示。

（7）使用“钢笔工具”在文本“科学故事”四周绘制小图形点缀，形状、大小和颜色可以各不相同，以此增加画面的生动感，效果如图 5-4-18 所示。左右两边的图案是对称的，可以通过复制的方法获得。

图 5-4-17　文字上方添加横卧的书本

图 5-4-18　绘制小图形点缀

（8）使用“横排文字工具” 在封面上方的位置输入读书的宣传文字内容，调整文字的字体、字号及颜色等，使用“钢笔工具” 在文本的四周绘制线条，并为图层添加“描边”图层样式，效果如图 5–4–19 所示。

3. 设计书籍背面

（1）置入素材文件“条形码 .jpg”，调整大小并移动到书籍背面的左下角位置，如图 5–4–20 所示。

图 5–4–19　输入读书的宣传文字

图 5–4–20　置入素材“条形码”

（2）使用“横排文字工具” 在书籍背面的中间置输入“× × 文学出版社”和“| 开启智慧的童年 |”，调整文字的字体、字号及颜色等，效果如图 5–4–21 所示。

（3）复制“书本”图层两次，将复制出的一个“书本”移动到“× × 文学出版社”的前面，另一个“书本”移动到书脊中缝的下方位置，适当调整它们的大小和方向，如图 5–4–22 所示。

图 5–4–21　书籍背面输入文字

图 5–4–22　复制出的“书本”放置在合适位置

4. 设计书脊

（1）使用“直排文字工具” 在书脊的上、中、下位置分别输入文本“智慧丛书系列”、“科学故事”和“× × 文学出版社”，分别设置字体大小和字符间距，效果如图 5-4-23 所示。

（2）使用“自定义工具” 在文本“智慧丛书系列”外绘制边框，选项栏上模式为“形状”，颜色设置为“浅粉色 #fcdbe9”，描边为“无颜色”，形状为，最终效果见图 5-4-1。

图 5-4-23　在书脊处输入文字

知识与技能

1. 渐变工具

Photoshop 中的渐变工具可以创建多种颜色间的逐渐混合。这种混合模式可以是从前景色到背景色的过渡，也可以是前景色与透明背景间的过渡，或者是其他颜色间的相互过渡。

选择“渐变工具”后，其选项栏如图 5-5-1 所示。

图 5-5-1　渐变工具选项栏

（1）渐变下拉列表框：用于选择不同渐变样式和编辑渐变的色彩。单击其右侧的倒三角形，可以打开渐变下拉面板，在其中可以选择一种渐变颜色进行填充。

如果要自定义渐变形式和色彩，可单击“点按可编辑渐变”按钮，在打开的“渐变编辑器”对话框中进行设置，如图 5-5-2 所示。

◎ 预设：显示当前渐变组中的渐变类型，可以直接选择。

◎ 渐变类型：渐变类型下拉列表中包含“实底”和“杂色”，在选择不同类型时，参数和设置效果也会随之变化。

◎ 颜色色标：选中后，可以在“色标”选项组的“颜色”下拉列表中改变色标颜色，在“位置”文本框中输入值可改变颜色出现的位置。

◎ 不透明度色标：选中后，可以在“色标”选项组的“不透明度”下拉列表中改变色标的不透明度，在“位置”文本框中输入值可改变不透明度作用的位置。

在渐变编辑条下方的适当位置单击，可增加颜色色标，并调整颜色，在渐变编辑条上方的适当位置单击可增加不透明度色标，并调整透明度，如图 5–5–3 所示。

图 5–5–2 “渐变编辑器”对话框

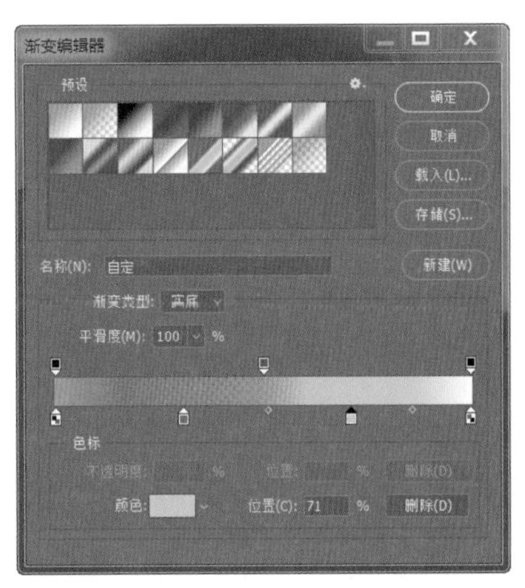

图 5–5–3 渐变编辑条上增加色标

（2）渐变类型：用于选择各种类型的渐变工具，效果如图 5–5–4 所示。

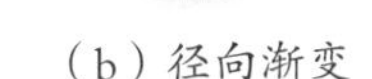

（a）线性渐变　（b）径向渐变　（c）角度渐变　（d）对称渐变　（e）菱形渐变

图 5–5–4 各种类型的渐变效果

（3）模式：用来设置填充渐变颜色与图像之间的混合模式。

（4）不透明度：用于设置填充渐变颜色的不透明度。数值越小，填充的渐变色越透明，取值范围为 0%~100%。

（5）反向：用于反向产生色彩渐变的效果。

（6）仿色：可以用递色法来表现中间色调，使渐变之间的过渡更加平滑。

（7）透明区域：将打开透明蒙版功能，使渐变填充可以应用透明设置。

2. 油漆桶工具

“油漆桶工具” 是一种填充工具，可以填充前景色或图案。选择该工具后，在图像中单击，则与单击点像素相似的像素都会被填充。

选择油漆桶工具后，其选项栏如图 5-5-5 所示。

前景 模式：正常 不透明度：100% 容差：32 消除锯齿 连续的 所有图层

图 5-5-5　油漆桶工具选项栏

◎ 前景：设置填充区域的源，在其下拉列表中选择填充的是前景色或者图案。

◎ ：当填充区域的源选择为“图案”时，会出现该选项。用于选择定义好的图案。

◎ 模式：用于选择着色的模式。

◎ 不透明度：用于设置填充内容的不透明度。

◎ 容差：用于设置色差的范围，数值越小，容差越小，填充的区域也越小。

◎ 消除锯齿：用于消除填充内容边缘的锯齿。

◎ 连续的：用于设置填充方式。

◎ 所有图层：用于选择是否对所有可见层进行填充。

在选项栏中对参数进行不同的设置，会出现不同的填充效果，如图 5-5-6 所示。

（a）容差为 32 的填充效果

（b）容差为 60 的填充效果

（c）图案填充效果

图 5-5-6　不同的填充效果

3. 擦除工具

擦除工具包括“橡皮擦工具”、“背景橡皮擦工具”和“魔术橡皮擦工具”，应用擦除工具可以擦除指定图像的颜色，还可以擦除颜色相近区域中的图像。

（1）橡皮擦工具

“橡皮擦工具”可以更改图像中的像素，如果直接在背景图层上使用橡皮擦工具，相当于使用画笔，用背景色在背景图层上绘制图像，此时背景色为黑色，如图 5-5-7 所示。如果在普通图层上使用该工具，则会将像素涂抹成透明的效果，如图 5-5-8 所示。

图 5-5-7　在背景图层上使用橡皮擦工具

图 5-5-8　在普通图层上使用橡皮擦工具

选择“橡皮擦工具”后，其选项栏如图 5-5-9 所示。

图 5-5-9　橡皮擦工具选项栏

◎ 画笔：用于选择橡皮擦的形状和大小。

◎ 模式：用于选择擦除的笔触方式。

◎ 不透明度：用于设定橡皮擦的透明度。

◎ 流量：用于设置扩散的速度。

◎ 抹到历史记录：用于确定以“历史”控制面板中确定的图像状态来擦除图像。

（2）背景色橡皮擦工具

“背景色橡皮擦工具”可以将图层中的像素擦除，使之成为透明区域。该工具可采集画笔中心的色样，并删除在画笔内任何位置出现的该颜色，通过指定不同的取样和容差选项，可以控制透明度的范围和边界的锐化程度。

选择“背景橡皮擦工具”后，其选项栏如图 5-5-10 所示。

图 5-5-10　背景橡皮擦工具选项栏

◎ 取样：设置颜色取样方式。单击“连续”按钮，随着鼠标的移动，工具箱内的背景色将及时做出反应，凡是选区内出现的颜色都将被擦除。单击“一次”按钮时，鼠标在选区内单击处的颜色将被作为擦除的对象，而其他颜色将保持不变；单击“背景色板”按钮时，将擦除选区内的背景色。具体效果如图 5-5-11 所示，图中默认的背景色为白色。

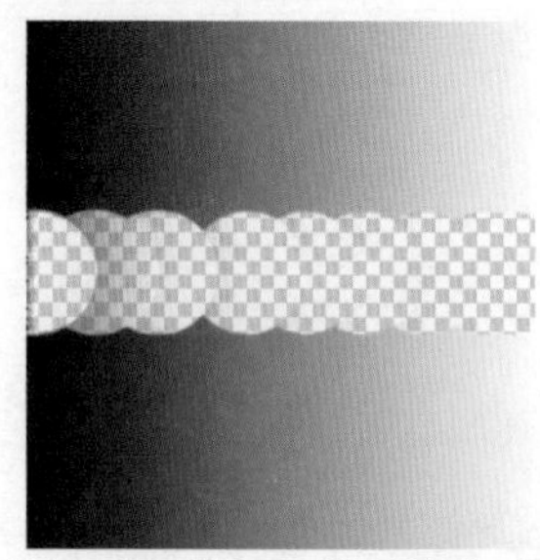
（a）“连续”取样的擦除效果

（b）“一次”取样的擦除效果

（c）“背景色板”取样的擦除效果

图 5–5–11　不同的取样类型设置擦除后的效果

◎ 限制：设置背景的擦除方法。选择“不连续”，可擦除出现在工具下的任何位置的样本颜色；选择“连续”，可擦除包含样本颜色并且互相连接的区域；选择“查找边缘”，可擦除包含样本颜色并且互相连接的区域，同时保留形状边缘的锐化程度。

◎ 容差：用于设置插图图像或选取时的颜色容差范围。

◎ 保护前景色：将在擦除的过程中，保护与前景色颜色相同的区域不被擦除。

（3）魔术橡皮擦工具

魔术橡皮擦工具可以根据颜色的相似性进行擦除工作，可以将所有与单击点相似的像素都擦除成为透明区域。使用魔术橡皮擦时，如果在背景图层中单击，则会将背景图层转化为普通图层，并将所有相似的像素擦除为透明，效果如图 5–5–12 和图 5–5–13 所示。

图 5–5–12　原图

图 5–5–13　魔术橡皮擦工具擦除结果

4. 滤镜

Photoshop 的滤镜菜单下提供了多种滤镜，选择这些滤镜命令，可以制作出奇妙的图像效果。

◎ 滤镜库：将常用的滤镜组合在一个面板中，以折叠菜单的方式显示，并为每个滤镜提供了直观的效果，使用十分方便，如图 5–5–14 所示。

图 5-5-14　滤镜库

◎ 自适应广角滤镜：可以利用它对具有广角、超广角及鱼眼效果的图片进行矫正。

◎ 镜头矫正滤镜：可以修复常见的镜头瑕疵，如桶形失真、枕形失真、晕影和色差等，也可以使用该滤镜来旋转图像，或修复由于照相机在垂直或水平方向上倾斜而导致的图像透视错觉现象。

◎ 液化滤镜命令：可以制作出各种类似液化的图像变形效果，主要用于推、拉、旋转、反射、折叠和膨胀图像的任意区域。

◎ 油画滤镜：可以将照片或图片制作成油画效果。

◎ 消失点滤镜：可以制作建筑物或任何矩形对象的透视效果。

◎ 杂色滤镜：可以添加、去除杂色或带有随机分布色阶的像素，制作出与众不同的纹理或去除有问题的区域，如灰尘和划痕。应用不同的杂色滤镜做出的图像效果如图 5-5-15 所示。

（a）原图

（b）减少杂色

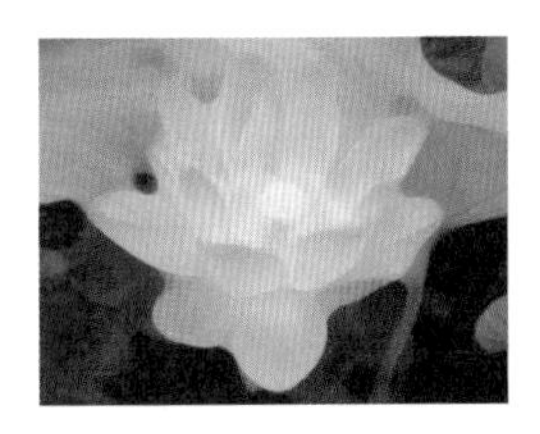
（c）蒙尘与划痕

（d）去斑

（e）添加杂色

（f）中间值

图 5-5-15　不同的杂色滤镜效果

渲染滤镜可以在图片中产生照明的效果，它可以产生不同的光源效果和夜景效果。应用不同的渲染滤镜做出的图像效果如图 5-5-16 所示。

（a）火焰　（b）分层云彩　（c）光照效果

（d）镜头光晕　（e）纤维　（f）云彩

图 5-5-16　不同的渲染滤镜效果

◎ 像素化滤镜：可以用于将图像分块或再将图像平面化。应用不同的像素化滤镜做出的图像效果如图 5-5-17 所示。

（a）原图　（b）彩块化　（c）彩色半调　（d）点状化

（e）晶格化　（f）马赛克　（g）碎片　（h）铜板雕刻

图 5-5-17　不同的像素化滤镜效果

◎ 风格化滤镜：可以产生印象派以及其他风格画派作品的效果，它是完全模拟真实艺术手法进行创作的。应用不同的风格化滤镜做出的图像效果如图 5-5-18 所示。

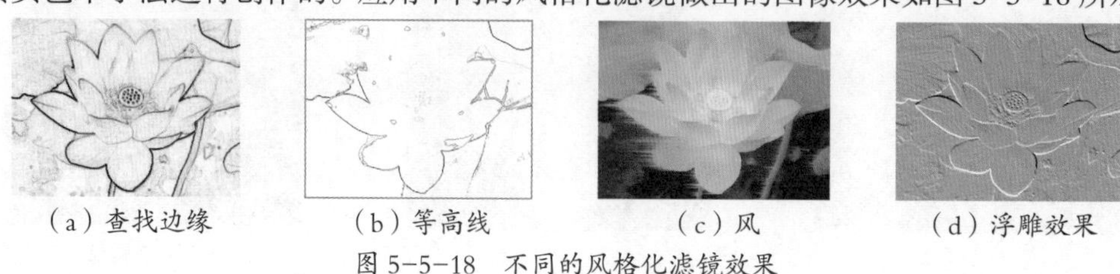

（a）查找边缘　（b）等高线　（c）风　（d）浮雕效果

图 5-5-18　不同的风格化滤镜效果

（e）扩散

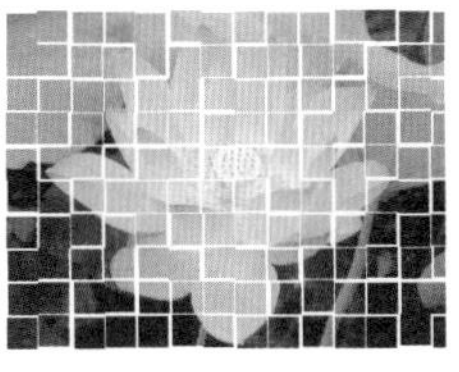
（f）拼贴

（g）曝光过度

（h）油画

图 5-5-18　不同的风格化滤镜效果（续）

◎ 模糊滤镜：可以将图像中过于清晰或对比度强烈的区域，产生模糊效果。也可用于制作柔和阴影。应用不同的模糊滤镜做出的图像效果如图 5-5-19 所示。

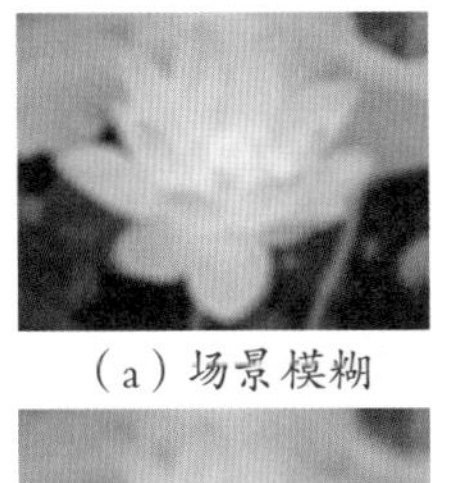
（a）场景模糊

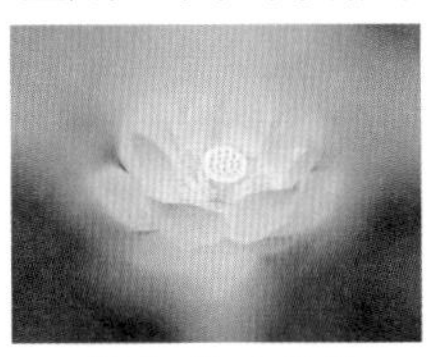
（b）镜头模糊

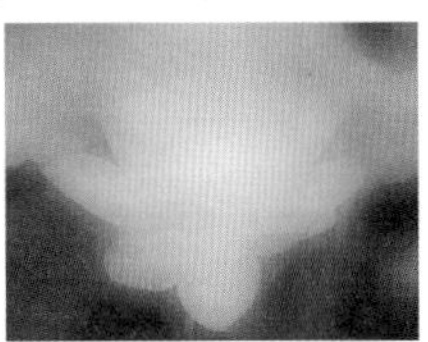
（c）表面模糊

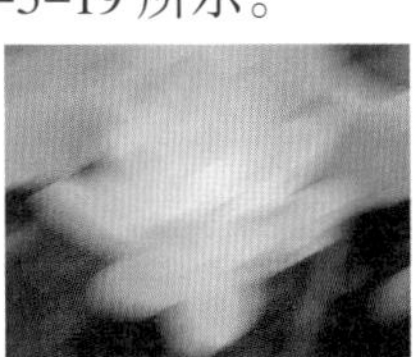
（d）动感模糊

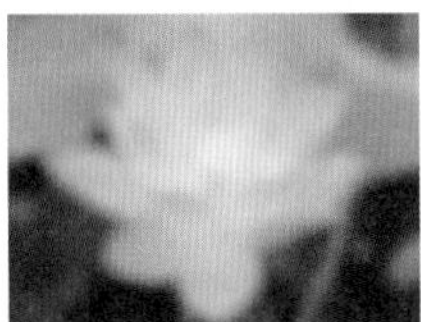
（e）高斯模糊

（f）径向模糊

（g）特殊模糊

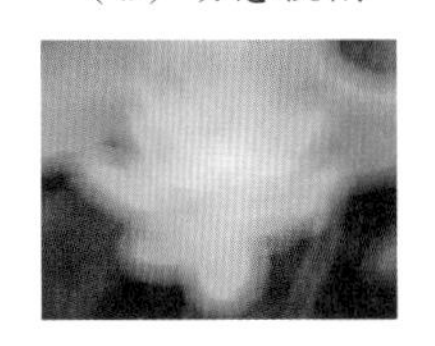
（h）形状模糊

图 5-5-19　不同的模糊滤镜效果

◎ 扭曲滤镜：可以生成一组从波纹到扭曲图像的变形效果。应用不同的扭曲滤镜做出的图像效果如图 5-5-20 所示。

（a）波浪

（b）波纹

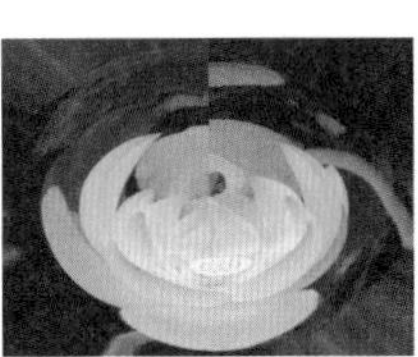
（c）极坐标

（d）挤压

（e）切变

（f）球面化

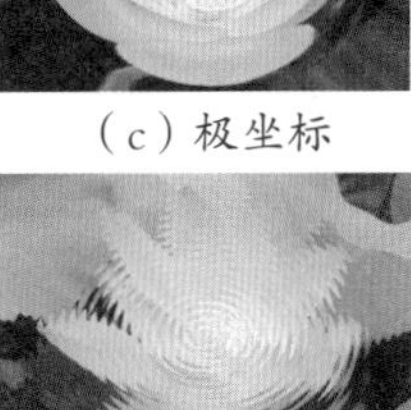
（g）水波

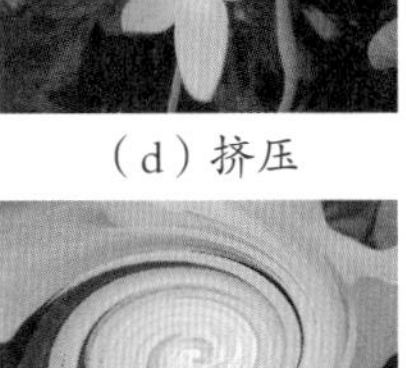
（h）旋转扭曲

图 5-5-20　不同的扭曲滤镜效果

◎ 锐化滤镜：可以对图像和图像边缘进行清晰化处理，提高对比度。

5. 折页尺寸

◎ 贺卡：112 mm × 350 mm、143 mm × 210 mm、168 mm × 240 mm、185 mm × 260 mm、

210 mm × 276 mm。

◎ 宣传页、彩页标准尺寸：（A4）210 mm × 285 mm。

◎ 三折页广告标准尺寸：（A4）210 mm × 285 mm。

◎ 宣传画册尺寸、画册规格：（A4）210 mm × 285 mm。

一般画册的尺寸如表 5-5-1 所示。

表 5-5-1　画册尺寸

16 开	大：210 mm × 285 mm	正：185 mm × 260 mm
8 开	大：285 mm × 420 mm	正：260 mm × 370 mm
4 开	大：420 mm × 570 mm	正：370 mm × 540 mm
2 开	大：570 mm × 840 mm	正：540 mm × 740 mm
全开	大：889 mm × 1 194 mm	小：787 mm × 1 092 mm

拓展与提高

请为书籍“嘻游记”设计封面，要求体现儿童图书特点，画面色彩丰富，画布尺寸为宽度 29.7 厘米、高度 21 厘米，分辨率为 300 像素 / 英寸，颜色模式为 RGB。参考效果如图 5-6-1 所示。

图 5-6-1　书籍封面效果

项目六

VI 设计

VI（Visual Identity，视觉识别系统）是企业最具传播力和感染力的部分。VI 设计是以标志、标准字、标准色为核心展开的完整的、系统的视觉表达体系，将企业理念、企业文化、服务内容、企业规范等抽象概念转换为具体记忆可识别的形象符号，从而塑造出排他性的企业形象。本项目主要讲解用 Photoshop CC 2018 来制作“上海国际逐梦科技有限公司”的标志、名片、手提袋和企业 APP，学会钢笔工具、各路径工具、滤镜、绘图工具、文字工具的使用方法。

能力目标

◎ 能根据企业的理念、要求等设计标志、名片、手提袋和企业 APP。

◎ 能使用钢笔工具绘制图形。

◎ 能使用路径选择工具、直接选择工具、转换点工具调整路径。

◎ 能使用滤镜修饰图片。

◎ 能使用绘图工具画出图形。

◎ 能使用文字工具创建文字。

◎ 掌握标志、名片、手提袋和企业 APP 的规范尺寸。

素质目标

◎ 熟悉设计制作 VI 的规范流程。

◎ 培养团队合作精神。

任务一　设计企业标志

任务描述

本任务是设计与制作“上海国际逐梦科技有限公司”的标志。通过本任务的学习，掌握用钢笔工具、路径选择工具、直接选择工具、文字工具设计制作公司标志。最终效果如图 6-1-1 所示。

图 6-1-1　企业标志效果图

设计企业标志视频

重点和难点

重点：钢笔工具、路径选择工具、蒙版工具、文字工具的使用。

难点：运用蒙版工具和路径工具调整图形。

方法与步骤

1. 新建画布

选择“文件”→“新建”命令，打开“新建”对话框。设置预设详细信息为“科技公司标志 .psd”，设置宽度 300 像素，高度为 300 像素，分辨率为 72 像素 / 英寸，颜色模式为 RGB，单击“确定”按钮。

2. 绘制圆形

新建图层，选择“椭圆选框工具” 的同时，按住【Shift】键和【Alt】键绘制出一个正圆。使用“油漆桶工具” 填充“橙色 #ec6941” 。

3. 绘制“船”形

新建图层，使用“钢笔工具” 绘制出一个“船”形路径，如图 6-1-2 所示。双击“路径”面板中的“工作路径”，保存当前路径为“船” 。单击“路径”面板中的“将路径作为选区载入”按钮，填充“深红色 # b53929”，取消选择，如图 6-1-3 所示。

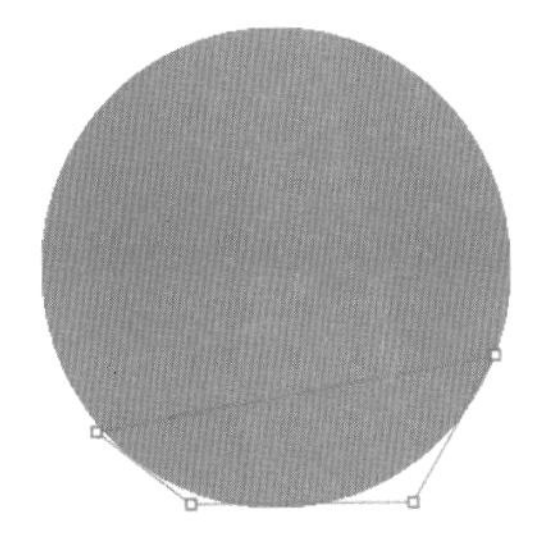

图 6-1-2 用钢笔绘制“船”形路径

图 6-1-3 填充颜色

4. 绘制“船帆”

（1）新建图层，使用“钢笔工具”绘制出一个“船帆”路径，如图 6-1-4 所示。双击“路径”面板中的“工作路径”，保存当前路径为“船帆”。单击“路径”面板中的“将路径作为选区载入”按钮，填充“蓝色 # 196db5”，取消选择，如图 6-1-5 所示。

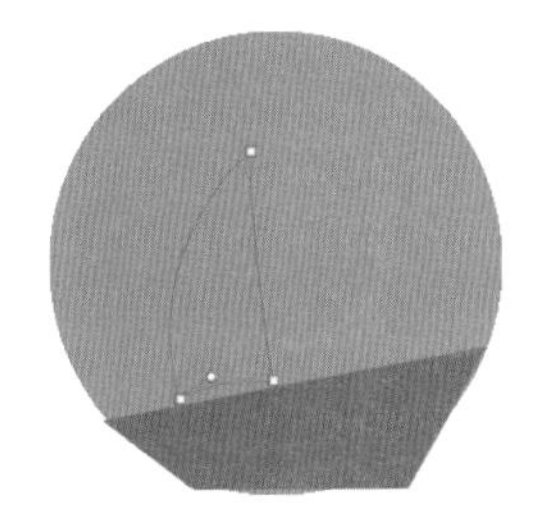

图 6-1-4 “船帆”路径

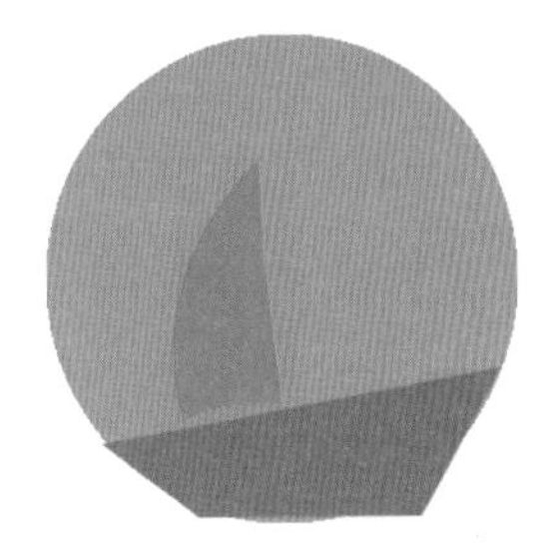

图 6-1-5 填充蓝色

（2）新建图层，在“路径”面板中复制“船帆”路径，使用“直接选择工具”调整锚点的位置，并保存此路径为“船帆 2”，如图 6-1-6 所示。单击“路径”面板中的“将路径作为选区载入”按钮，填充“淡蓝色 # 69addf”，取消选择，如图 6-1-7 所示。

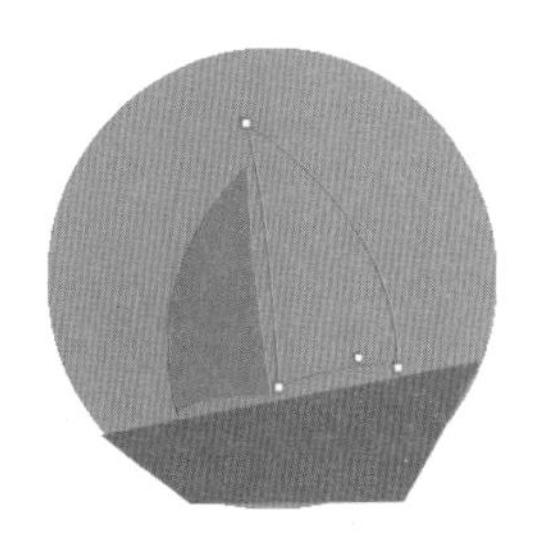

图 6-1-6 绘制“船帆 2”路径

图 6-1-7 填充淡蓝色

5. 擦除部分形状

（1）对“圆形”图层添加蒙版，单击“船”路径，再单击“将路径作为选区载入”

，选择“选择”→“修改”→“扩展”→“7 像素”命令，得到扩展选区。在蒙版上使用扩展选区填充黑色。

（2）对“船帆 1”和“船帆 2”路径做相同操作，得到如图 6-1-8 所示的蒙版效果，以及如图 6-1-9 所示的透明标志。

图 6-1-8　蒙版效果

图 6-1-9　透明标志

6. 添加公司名称

（1）使用“横排文字工具” 输入文字 “上海国际逐梦科技有限公司”，字体为“Adobe 黑体 Std”，大小为 8 pt，字距为 100。

（2）使用“横排文字工具” 输入文字 Chase Dream，字体为 Broadway、大小为 8 pt，字距为 140，最终效果见图 6-1-1 所示。

任务二　设 计 名 片

任务描述

本任务是设计与制作“上海国际逐梦科技有限公司”的名片。通过本任务的学习，掌握用滤镜、矩形选框工具、文字工具和自定义图形工具设计制作公司名片。最终效果如图 6-2-1 所示。

图 6-2-1　名片效果图

设计名片视频

重点和难点

重点：滤镜、矩形选框工具、文字工具和自定义图形工具的使用。

难点：灵活设置滤镜的参数。

方法与步骤

1. 新建画布

选择“文件”→“新建”命令，打开“新建”对话框。设置预设详细信息为“名片 .psd”，设置宽度 9 厘米、高 5 厘米，分辨率为 300 像素 / 英寸，颜色模式为 RGB，单击“确定”按钮。

2. 绘制图形

（1）新建图层，使用“矩形选框工具”绘制一个矩形，渐变填充矩形选区，颜色为“#72dbea”到“深蓝色 #1f72b8”的渐变。选择“滤镜”→“风格化”→“凸出”命令，参数如图 6-2-2 所示，效果如图 6-2-3 所示。

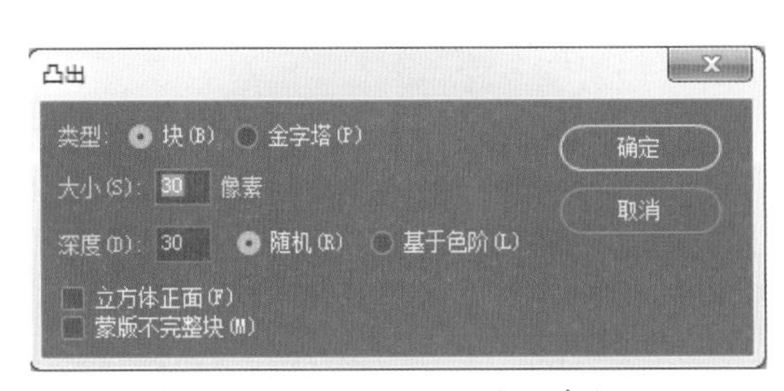

图 6-2-2 设置“凸出”参数

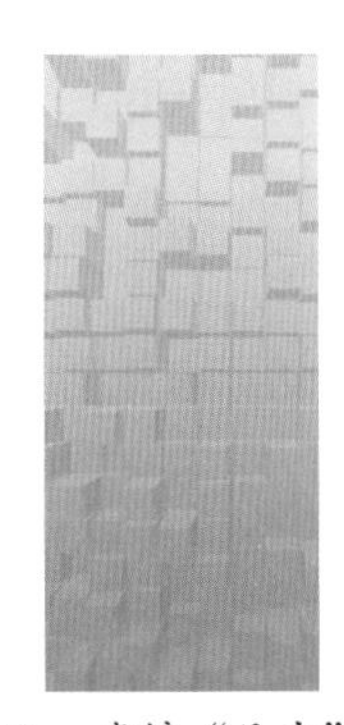

6-2-3 滤镜“凸出”效果

（2）新建图层，使用“矩形选框工具”绘制一个竖矩形，填充“蓝色 #8aff00”。用相同方法绘制出一个横矩形，单击“图层样式”按钮对此图层添加“投影”效果，如图 6-2-4 所示。

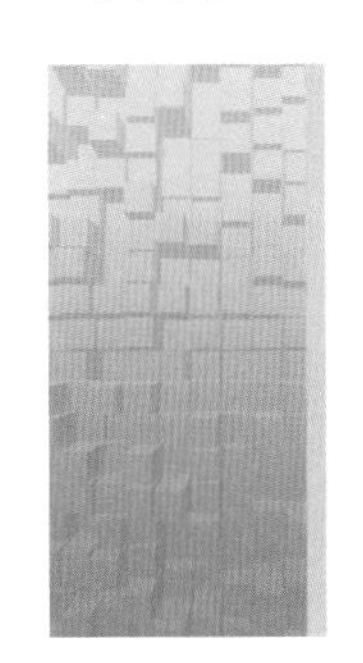

图 6-2-4 绘制矩形

3. 输入文字及公司标志

将之前的公司 LOGO 复制过来，调整大小及位置。使用“横排文字工具” 输入人名及职务信息，如图 6–2–5 所示。

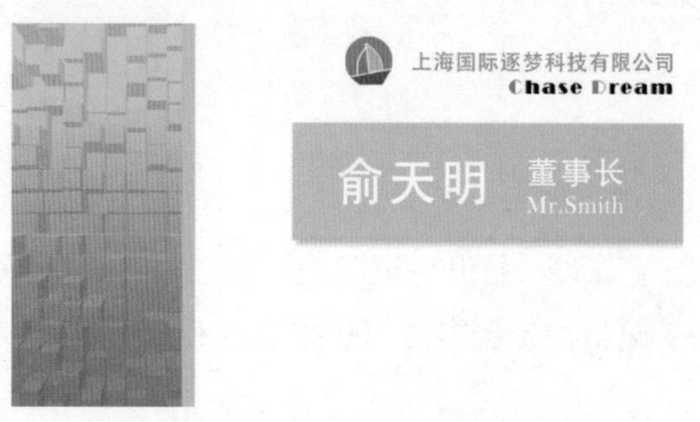

图 6–2–5　输入文字内容

4. 制作联系方式

（1）使用“自定形状工具” 选择“物体”子集，找到“电话 2”及“信封 1”，使用“像素”模式绘制出蓝色标志。

（2）使用“自定形状工具” 在“箭头”子集中找到“箭头 2”标志，使用“像素”模式绘制出蓝色“箭头”。对“箭头”图层进行复制，得到两个副本，并合并 3 个“箭头”图层，再单击“添加图层样式” 中的“渐变叠加”，设置“蓝色 #72dbea”到“深蓝色 #1f72b8”的效果。设置“箭头”图层的“透明度”为 40%。

（3）使用“横排文字工具” ，输入如图 6–2–6 所示的联系方式，即得到最终效果。

图 6–2–6　输入联系方式

任务三　设计手提袋

任务描述

本任务是设计与制作企业手提袋。通过本任务的学习，掌握用标尺工具、文字工具、矢量蒙版、画笔描边、直接选择工具和钢笔工具等设计制作“上海国际逐梦科技有限公司”的手提袋。最终效果如图 6-3-1 所示。

设计手提袋视频

图 6-3-1　效果图

重点和难点

重点：标尺工具、文字工具、矢量蒙版、画笔描边、直接选择工具和钢笔工具的使用。

难点：直接选择工具和钢笔工具的灵活应用。

方法与步骤

1. 新建画布

选择“文件”→“新建”命令，打开“新建”对话框。设置预设详细信息为“手提袋.psd”，宽度为 84 厘米，高度为 43 厘米，分辨率为 300 像素 / 英寸，颜色模式为 RGB，单击“确定”按钮。

2. 设置参考线

选择“视图”→“标尺”命令，在绘图区显示出标尺。将鼠标移动到左侧竖向标尺上，按住鼠标左键，移动出 10 条参考线，分别与横向标尺的 2 厘米、10.5 厘米、25.5 厘米、34 厘米、38.5 厘米、43 厘米、51.5 厘米、66.5 厘米、75 厘米、79.5 厘米刻度对齐。将鼠标移动到上方横向标尺上，按住鼠标左键，移动出 5 条参考线，分别与竖向标尺的 3 厘米、5 厘米、7 厘米、32.5 厘米、37 厘米刻度相对齐，如图 6-3-2 所示。

图 6-3-2　手提袋参考线

3. 添加轮廓线

新建图层，命名为“轮廓线”。使用“铅笔工具” 设置铅笔的大小为 3 px，硬度为 100%，设置前景色为“黑色”。沿参考线绘制直线，如图 6-3-3 所示。

图 6-3-3　手提袋轮廓线

4. 绘制“绳孔”

新建图层，命名为“绳孔”。选择“椭圆选框工具” 在绳孔位置绘制正圆选框，选择“编辑”→“描边”命令，打开“描边”对话框，设置描边宽度为 3 px，颜色为“黑色”，如图 6-3-4 所示。

图 6-3-4 绘制“绳孔”

5. 绘制底纹

新建图层，使用“油漆桶工具”，填充“深蓝色 #1b2959”。新建图层，命名为“圆点”图层，使用“画笔工具”，设置前景色为 #225077，大小 3 500 px，硬度为 0%，在图层上画出一个大圆点。使用相同画笔在另一侧绘制出另一个大圆点，位置如图 6-3-5 所示。

图 6-3-5 绘制底图

6. 导入图片

打开素材“光 .jpg”，将此图片复制、粘贴到“手提袋 .psd”文件中。使用“蒙版工具”对图片进行修饰，得到如图 6-3-6 所示的效果。

图 6-3-6 使用蒙版工具对图片进行修饰

打开素材“颗粒.jpg”，使用“魔棒工具”，容差设为“10”，单击白色区域，选择“选择”→“反选”命令，将此选区复制、粘贴到“手提袋.psd”文件中。按住【Ctrl+T】组合键，调整图片大小，将此图层移动到“圆点”图层下方。选择“颗粒”图层，单击“图层样式”按钮添加颜色叠加效果，颜色为#05090f。复制该图层，移动图层位置，如图6-3-7所示。

图6-3-7 “手提袋”底纹

7. 输入文字

（1）输入“第三届会展上海国际逐梦科技”文字，设置字体为“Adobe 黑体 Std”，字号为56 pt。

（2）输入“科技创造未来”文字，设置字体为“Adobe 黑体 Std”，字号为30 pt。

（3）输入“上海国际逐梦科技有限公司”文字，设置字体为“Adobe 黑体 Std”，字号为30 pt。

（4）打开“白色图标.png”，复制粘贴三次到“手提袋.psd”中，调整图片位置、大小。

（5）使用“多边形工具”，设置模式为“形状”，边数为“3”，填充色为“淡蓝色#5fc0bd”，绘制出一个三角形。复制、粘贴出另5个三角形，按住【Ctrl+T】组合键调整其位置、方向，效果如图6-3-8所示。

图6-3-8 “手提袋”文字和图标位置

8. 绘制“波浪”效果

（1）新建图层，使用“钢笔工具” 绘制出曲线（见图 6-3-9），保存路径为“路径 1”。单击“将路径作为选区载入”按钮 ，设置前景色为 #0a7fb2，背景色为 #183767，使用“渐变工具” 进行线性渐变填充，效果如图 6-3-10 所示。

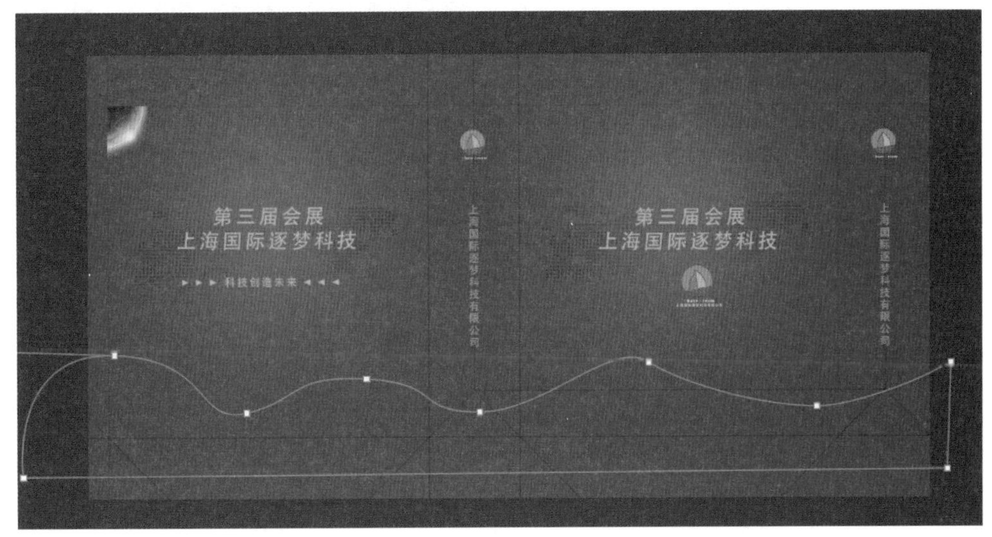

图 6-3-9　绘制“波浪”路径

图 6-3-10　渐变色填充效果

（2）新建图层，复制“路径 1”并使用“路径选择工具” 移动路径，填充渐变色，前景色为 #0aa59e，背景色为 #1b2d5b，使用“油漆桶工具” 进行线性渐变，效果如图 6-3-11 所示。

图 6-3-11　第二层渐变色填充

（3）新建图层，移动“路径 1”位置，设置画笔颜色为 #03c2d3，大小为 5 px，单击“使用画笔描边路径”按钮，可以多次移动“路径 1”位置，进行画笔描边。按住【Shift+Ctrl+Alt+E】组合键，在顶层盖印图层，手提袋的平面展开图效果制作完成，效果如图 6-3-12 所示。

图 6-3-12　手提袋展开效果

9. 制作立体效果图

（1）选中盖印图层，使用“矩形选框工具”在画面中分别选择手提袋正面和折叠区域，然后选择“图层”→“新建”→“通过拷贝的图层”命令，将所选区域分别复制到新图层中。使用相同的方法，使用“多边形套索工具”选择手提袋的侧面，复制到新图层中。

（2）选择“文件”→“新建”命令，新建一个“手提袋展开效果图”（A4大小）文件。将上一步复制的新图层拖动到“手提袋展开效果图”文件中，调整图像大小，如图 6-3-13 所示。

（3）分别对每个图层执行“文件”→“新建”→“扭曲”和“缩放”命令，使其组合成一个立体的手提袋效果。然后将填充色设置为“灰色”渐变，效果如图 6-3-14 所示。

图 6-3-13　复制图像到新文件中

图 6-3-14　组合手提袋立体效果

（4）新建图层，命名为“暗面”，使用“多边形套索工具”，在手提袋侧面绘制一个选区，填充“黑色”，不透明度设置为 20%，效果如图 6-3-15 所示。

（5）新建图层，命名为“阴影”，使用“多边形套索工具”在手提袋底部绘制一个选区，填充“黑色到透明”渐变填充，效果如图 6-3-16 所示。

图 6-3-15　手提袋明暗效果

图 6-3-16　手提袋阴影效果

10. 绘制“提绳”

新建图层，命名为“提绳”。使用“钢笔工具”绘制出“提绳”的封闭路径。

使用“画笔工具”，设置画笔颜色为 #031c4a，大小为“10 像素”，单击“路径”面板中的“用画笔描边路径”按钮。复制“提绳”图层，对“提绳副本”图层添加蒙版进行修饰，效果如图 6-3-17 所示。

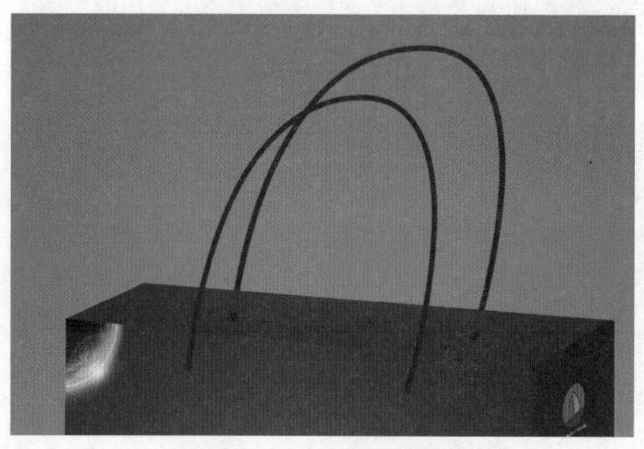

图 6-3-17　提绳效果

最终效果见图 6-3-1。

任务四　设计企业手机 APP 界面

任务描述

本任务是设计与制作“逐梦科技公司”的 APP 界面。通过本任务的学习，掌握用钢笔工具、自定形状工具、剪贴蒙版以及绘图工具设计制作企业手机 APP 界面，效果如图 6-4-1 所示。

图 6-4-1　效果图

设计企业手机 APP 界面视频

重点：钢笔工具、自定形状工具、剪贴蒙版和绘图工具的使用。

难点：灵活运用绘图工具设计图标。

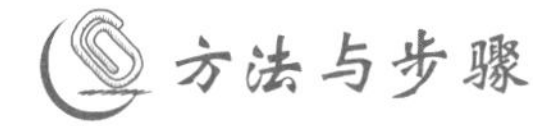

1. 新建画布

（1）选择“文件”→“新建”命令，打开“新建”对话框。设置预设详细信息为“APP 界面 .psd”，宽度为 9.6 厘米，高度为 16 厘米，分辨率为 300 像素 / 英寸，颜色模式为 RGB，单击“确定”按钮。

（2）选择“视图”→“标尺”命令，拉出 6 条横线和 2 条竖线，进行 APP 界面布局，如图 6–4–2 所示。

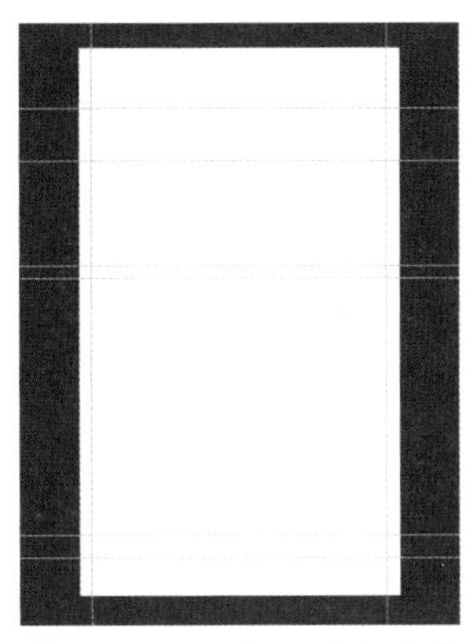

图 6–4–2 用标尺进行布局

2. 制作标题导航栏

（1）新建图层，使用“矩形选框工具”绘制一个矩形，使用“渐变工具”填充“蓝色 #61a7fc”到“蓝色 #6e7bfb”的“对称”渐变。单击“图层样式”按钮对此图层添加“投影”效果，参数如图 6–4–3 所示。

（2）打开素材“背景花纹 .jpg”，使用“魔棒工具”选中白色，再进行反选，用“矩形选框工具”减去多余的部分，如图 6–4–4 所示。将此花纹复制、粘贴到“APP 界面 .psd”。设置花纹图层的填充为 40%。使用“横排文字工具”输入欢迎词和用户姓名，效果如图 6–4–5 所示。

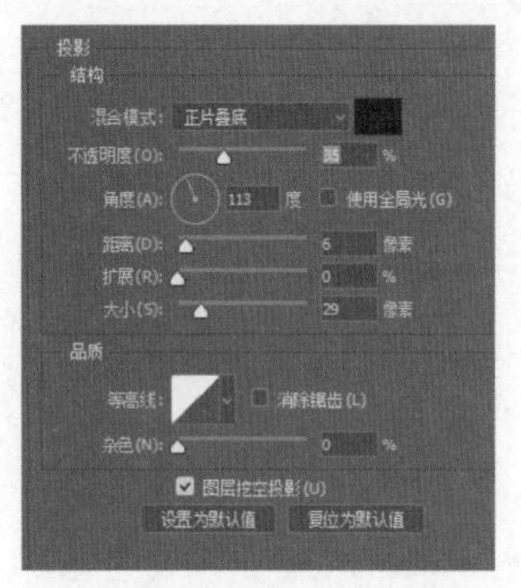

图 6-4-3　设置投影参数

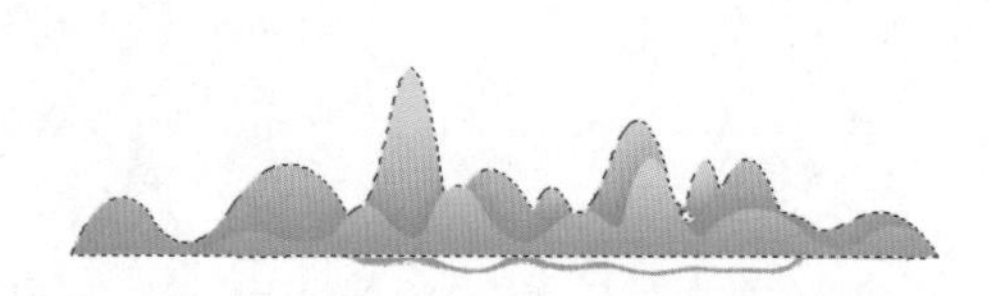

图 6-4-4　“背景花纹”选区

（3）新建图层，使用“矩形工具”像素模式，前景色设置为 # f3f2f2，绘制出背景底图。新建图层，前景色设置为“白色”，使用“圆角矩形工具”像素模式，半径设置为“30 像素”，绘制出一个圆角矩形，如图 6-4-6 所示。新建图层，使用“圆角矩形工具”像素模式，半径设置为“12 像素”，绘制出一个圆角矩形，单击“图层”面板中的“图层样式”按钮添加“渐变叠加”效果，调整渐变的角度，渐变效果如图 6-4-7 所示。按照相同的方法绘制出另外两个圆角矩形，如图 6-4-8 所示。使用“横排文字工具”输入如图 6-4-9 所示的文字。

图 6-4-5　主导航栏

图 6-4-6　绘制白色圆角矩形

图 6-4-7　绘制蓝色圆角渐变矩形

图 6-4-8　绘制蓝色圆角矩形

图 6-4-9　添加文字

（4）新建图层，使用“直线工具”，前景色设置为“浅灰色 #b7b7b7”，粗细设置为“1 像素”，绘制出一条竖线。使用“椭圆工具”像素模式，前景色设置为“白色”，按住【Shift】键绘制出一个正圆，并添加“4 像素”的“蓝色 #0034ff”的“描边”效果。使用“横排文字工具”输入如图 6-4-10 所示的文字。

图 6-4-10　顶部导航栏

3. 绘制 banner

新建图层，使用“圆角矩形工具”像素模式，半径设置为“12 像素”，绘制出一个圆角矩形。复制素材 banner.png 到“APP 界面 .psd”中，调整图片的位置及大小，右击图层设置“剪贴蒙版”，单击“图层”面板中的“图层样式”按钮，设置“灰色 # 656565”、不透明度为 36% 的颜色叠加效果。复制素材 logo.png 到“APP 界面 .psd”中，效果如图 6-4-11 所示。

图 6-4-11　绘制 banner

4. 绘制主要操作界面

（1）新建图层，设置前景色为“白色”，使用“圆角矩形工具”像素模式，半径设置为“10 像素”，绘制出一个圆角矩形，如图 6-4-12。使用“圆角矩形工具”像素模式，半径设置为“12 像素”，绘制出另一个圆角矩形，单击图层面板中的“图层样式”按钮添加“渐变叠加”效果，调整渐变的角度，效果如图 6-4-13 所示。按照相同的方法分别在两个图层上绘制出两个圆角矩形，并相交为“十字”形，置放于右下角，合并这两个图层，如图 6-4-14 所示。将相交的“十字”复制一层，缩小并单击“添加图层样式”按钮添加蓝色颜色。使用“矩形工具”的像素模式，前景色设置为“白色”，绘制两条矩形条。再使用“横排文字工具”输入如图 6-4-15 所示的文字。

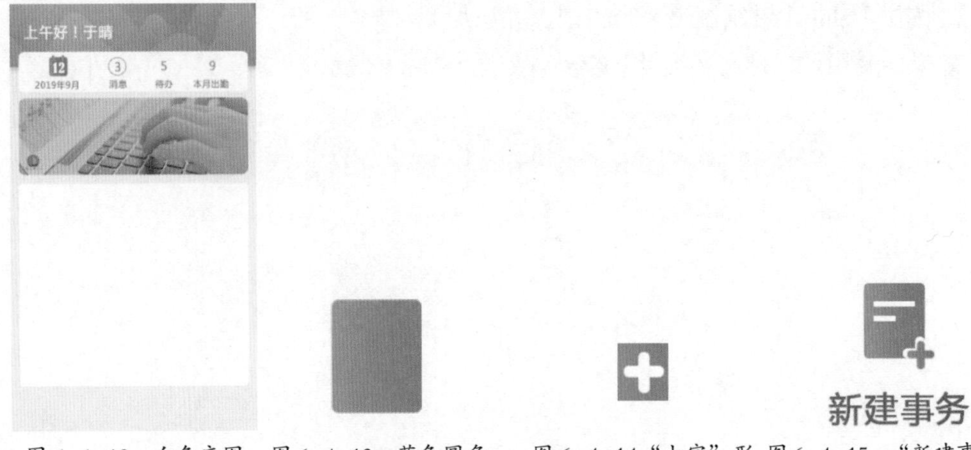

图 6-4-12　白色底图　图 6-4-13　蓝色圆角矩形　图 6-4-14“十字”形　图 6-4-15　“新建事务”按钮

（2）新建图层，复制“新建事务”中的“圆角矩形”和白色“矩形条”，对蓝色的“圆角矩形”单击“添加图层样式”按钮添加橙色颜色，如图 6-4-16 所示。新建图层，使用“矩形工具”的像素模式，前景色设置为“白色”，绘制两条矩形条，并旋转制作出如图 6-4-17 所示的“打钩”效果。再使用“横排文字工具”输入如图 6-4-18 所示的文字。

图 6-4-16　复制并更改颜色　图 6-4-17　制作“打钩”效果　图 6-4-18　输入文字

（3）新建图层，设置前景色为“青色 # 02d3ff”，使用“自定形状工具”像素模式，找到“会话 10”的图案，绘制出如图 6-4-19 所示的“会话”图案。复制该图层，并水平翻转、缩放此图片，单击“添加图层样式”按钮添加“4 像素”的白色“描边”“渐变叠加”效果。使用“椭圆工具”的像素模式，前景色设置为“白色”，绘制出 3 个小圆点，图标效果如图 6-4-20 所示。再使用“文字工具”输入如图 6-4-21 所示的文字。

图 6-4-19　“会话”图案　图 6-4-20　设置图层样式　图 6-4-21　输入文字

（4）使用相同方法绘制出“通讯录”按钮，如图 6-4-22 所示。

（5）新建图层，使用“圆角矩形工具”路径模式，半径设置为“12 像素”，使用“直接选择工具”调整底端的点，如图 6–4–23 所示。单击“图层”面板中的“图层样式”按钮添加“渐变叠加”效果，调整渐变的角度，如图 6–4–24 所示。

图 6–4–22　“通讯录”

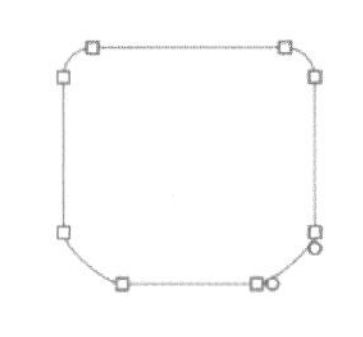
图 6–4–23　调整路径

图 6–4–24　填充效果

（6）新建图层，使用“圆角矩形工具”像素模式，绘制两个连接条，如图 6–4–25 所示。使用“自定形状工具”的像素模式，找到“复选标记”的图案，绘制出如图 6–4–26 所示的“打钩”图案。再使用“横排文字工具”输入如图 6–4–27 所示的文字。

图 6–4–25　绘制连接条

图 6–4–26　绘制“打钩”图案

我的打卡

图 6–4–27　输入文字

（7）新建图层，使用“圆角矩形工具”、“自定形状工具”的“方块形边框”绘制图形，使用“横排文字工具”输入如图 6–4–28 所示的文字。

（8）新建图层，使用“圆角矩形工具”、“自定形状工具”的“汽车 2”绘制图形，使用“横排文字工具”输入如图 6–4–29 所示的文字。

我的部门

图 6–4–28　绘制“我的部门”

用车申请

图 6–4–29　绘制“用车申请”

（9）新建图层，使用“椭圆工具”绘制出“人物”图形，如图 6–4–30 所示。新建图层，使用“圆角矩形工具”绘制出小圆角矩形，并复制旋转图形制作出“零件”，如图 6–4–31 所示。

（10）新建图层，使用“椭圆工具”绘制出橙色的圆形，放在“零件”的后面。新建图层，使用“椭圆工具”绘制出白色的圆形，在“零件”的上层。合并“零件”

各图层，单击“图层”面板中的“图层样式”按钮 fx 添加“描边”效果，如图 6-4-32 所示。

图 6-4-30　绘制“人物”

图 6-4-31　复制旋转图形

图 6-4-32　“零件”效果

（11）新建图层，使用“自定形状工具”的“信息”绘制图形，使用“横排文字工具” T 输入如图 6-4-33 所示的文字。九项功能的排版布局如图 6-4-34 所示。

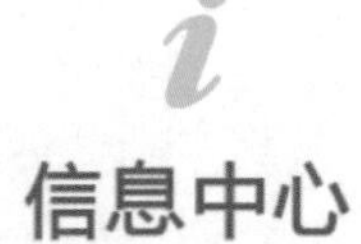

图 6-4-33　绘制“信息中心”

图 6-4-34　九项功能的排版布局

（12）新建图层，使用“矩形工具”的像素模式，前景色设置为“白色”，绘制出背景底图，单击“图层样式”按钮 fx 添加“投影”效果。新建图层，使用“多边形工具”（边数设置为“3”），绘制出三角形，使用“增加锚点工具”在三角形顶角处分别增加 3 个点，并进行适当位移，如图 6-4-35 所示。将路径转换为选区，并填充蓝色 # 6874fa，如图 6-4-36 所示。使用“圆角矩形工具”、“横排文字工具” T 制作如图 6-4-37 所示效果。

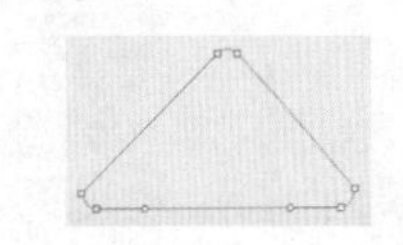

图 6-4-35　增加锚点

图 6-4-36　填充颜色

图 6-4-37　绘制“办公”

（13）新建图层，设置前景色为“灰色 # dedede”，使用“自定形状工具”像素模式，找到“会话 9”的图案，绘制出如图 6-4-38 所示的“会话”图案。新建图层，使用“钢笔工具”绘制出“弧度”，如图 6-4-39 所示。设置“画笔工具”为“5 像素”，前景色为“白色”，将路径描边，再使用“横排文字工具” T 输入文字，效果如图 6-4-40 所示。

图 6-4-38　“会话”图案

图 6-4-39　绘制“弧度”

图 6-4-40　绘制“消息”

（14）新建图层，设置前景色为灰色 # dedede，使用“椭圆工具” 像素模式，绘制出“脸”，如图 6-4-41 所示。用相同方法，绘制出眼睛。使用“椭圆选框工具” 与“矩形选框工具” 相减，如图 6-4-42 所示，得到半圆的图形并填充白色。再使用“横排文字工具” 输入文字，效果如图 6-4-43 所示。

图 6-4-41　绘制“脸”

图 6-4-42　选区相减

图 6-4-43　绘制“我的”

知识与技能

1. 标尺

“标尺工具” 可以在图像中测量任意两点之间的距离，并可以用来测量角度。其属性栏如图 6-5-1 所示。

图 6-5-1　标尺工具

2. 绘图工具

（1）矩形工具

“矩形工具” 可以在图像上绘制矩形的形状、路径和填充区域，选项栏如图 6-5-2 所示。

图 6-5-2　矩形工具选项栏

◎ 形状：用于选择创建路径形状、工作路径和填充区域。

◎ 填充： 描边： 1 像素：用于设置矩形的填充色、描边色、描边宽度和描边类型。

◎ W: 0像素 H: 0像素：用于设置矩形的宽度和高度。

◎ ：用于设置路径的组合方式、对齐方式和排列方式。

◎ ：用于设置所绘矩形的形状。

◎ 对其边缘：用于设置边缘的对齐。

（2）圆角矩形工具

“圆角矩形工具”选项栏中的选项与“矩形工具”选项栏中的选项相似，只是增加了半径选项，用于设置圆角矩形的平滑程度，数值越大越平滑，选项栏如图 6–5–3 所示。

图 6–5–3　圆角矩形工具选项栏

（3）椭圆工具

“椭圆工具”可以在图像上绘制椭圆或正圆（按住【Shift】键可以绘制正圆）的形状、路径和填充区域，选项栏如图 6–5–4 所示。

图 6–5–4　椭圆工具选项栏

（4）多边形工具

“多边形工具”属性栏中的选项与“矩形工具”属性栏中的选项相似，只是增加了“边”的选项，用于设置多边形的边数，如图 6–5–5 所示。

图 6–5–5　多边形工具选项栏

（5）直线工具

“直线工具”选项栏中的选项与“矩形工具”选项栏中的选项相似（见图 6–5–6），只是增加了“粗细”选项，用于设置直线的宽度。单击选项中的按钮，打开“箭头”面板，如图 6–5–7 所示。

图 6–5–6　直线工具选项栏

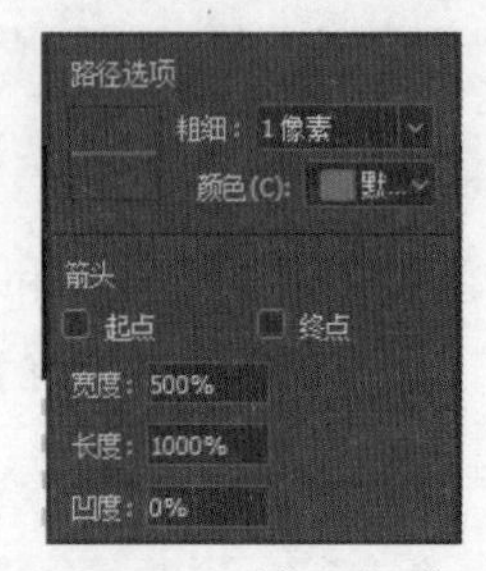

图 6–5–7　“箭头”选项

◎ 起点：用于选择箭头位于线段的始端。

◎ 终点：用于选择箭头位于线段的末端。

◎ 宽度：用于设置箭头宽度和线段宽度的比值。

◎ 长度：用于设置箭头长度和线段长度的比值。

◎ 凹度：用于设置箭头凹凸的形状。

（6）自定形状工具

“自定形状工具”选项栏中的选项与“矩形工具”选项栏中的选项相似，（见图 6–5–8），只是增加了“形状”选项，用于选择所需的形状。

图 6–5–8　自定形状工具选项栏

“形状”面板中存储了各种可供选择的不规则的形状，如图 6–5–9 所示。

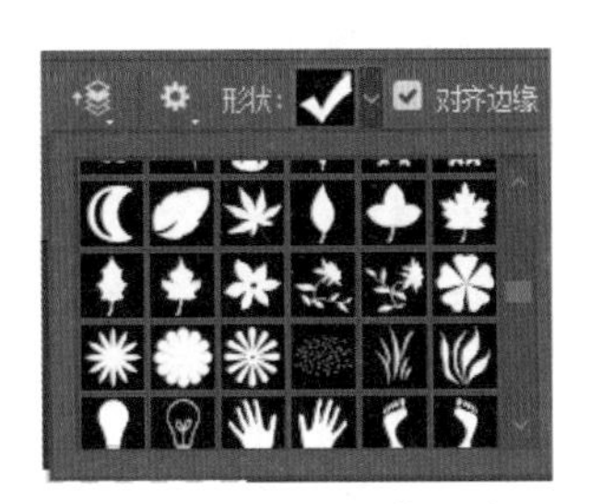

图 6–5–9　“形状”面板

3. 自由钢笔工具

使用“自由钢笔工具”，在图像的某一点单击确定最初的锚点，拖动鼠标，并单击确定其他的锚点。如果选择中存在误差，只需要使用其他路径工具对路径进行修改和调整就可以得到完美的路径。“自由钢笔工具”的选项栏如图 6–5–10 所示。

图 6–5–10　自由钢笔工具选项栏

4. 弯度钢笔工具

“弯度钢笔工具”可以轻松的方式绘制平滑曲线和直线段。使用这个直观的工具，可以在设计中创建自定义形状或定义精确的路径，以便毫不费力地优化图像。在单击该操作时，无须切换工具就能创建、切换、编辑、添加或删除平滑点或角点。“弯度钢笔工具”的选项栏如图 6–5–11 所示。

图 6–5–11　弯度钢笔工具选项栏

5. 路径选择工具

用“路径选择工具”可以选择单个或多个路径，同时可以用来组合对齐和分布路径，其选项栏如图 6–5–12 所示。

图 6–5–12　路径选择工具选项栏

6. 直接选择工具

选择“直接选择工具”可以拖动路径中的锚点来改变路径的弯度，其选项栏如图 6–5–13 所示。

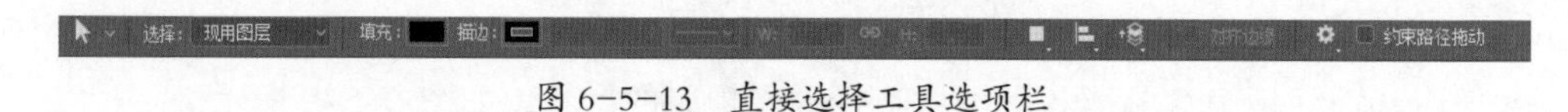

图 6–5–13　直接选择工具选项栏

7. 添加锚点工具

将“钢笔工具”移动到建立的路径上，若当前此处没有锚点，则“钢笔工具”转化为“添加锚点工具”。在路径上单击可以添加一个锚点，如果单击添加锚点后，按住鼠标不放，向上拖动鼠标则建立曲线段和曲线锚点。

8. 删除锚点工具

将“钢笔工具”移动到建立的路径上，则“钢笔工具”转化为“删除锚点工具”，单击锚点将其删除。

9. 转换点工具

选择“转换点工具”，将光标放置在非弯曲锚点上，拖动锚点并将其向某个方向拖动，便形成了曲线锚点。

10. VI 设计各部分尺寸

◎ 吊旗、挂旗标准尺寸：8 开 376 mm × 265 mm；4 开 540 mm × 380 mm。

◎ 手提袋尺寸：400 mm × 285 mm × 80 mm。

◎ 信纸、便条：185 mm × 260 mm、210 mm × 285 mm。

◎ 信封。小号：220 mm × 110 mm；中号：230 mm × 158 mm；大号：320 mm × 228 mm；D1：220 mm × 110 mm。

◎ 桌旗：210 mm × 140 mm（与桌面成 75° 夹角）。

◎ 竖旗：750 mm × 1 500 mm。

◎ 大企业司旗：1 440 mm × 960 mm；960 mm × 640 mm（中小型）。

◎ 胸牌。大号：110 mm × 80 mm；小号：20 mm × 20 mm（滴朔徽章）。

◎ 名片。横版：90 mm × 54 mm（最常用）；横版：90 mm × 55 mm（方角）、85 mm × 54 mm（圆角）；竖版：50 mm × 90 mm（方角）、54 mm × 85 mm（圆角）；方版：90 mm × 90 mm、90 mm × 95 mm。

◎ IC 卡：85 mm × 54 mm。

拓展与提高

企业 VI 设计

请为 HOT 火锅店进行 VI 设计，要求体现出企业特色，主色调为暖色调，各项目尺寸要求如下：

（1）LOGO 设计：宽度为 300 像素，高度为 300 像素，分辨率为 72 像素 / 英寸。

（2）名片设计：宽度为 9 厘米、高度为 5 厘米，分辨率为 300 像素 / 英寸。

（3）手提袋设计：宽度为 84 厘米，高度 43 厘米，分辨率为 300 像素 / 英寸。

项目七

创意设计

很多平面设计师在利用 Photoshop 进行设计时，遇到的最大问题并不是对软件功能的掌握，而是能否激发完美的创意，并灵活应用其中各项功能进行设计，创作出优秀的作品。创意设计则是突破传统、增添趣味、刺激感官、简洁大气的设计。本项目主要讲解如何用 Photoshop CC 2018 进行创意设计。通过对 3D 文字、旅游照片、手机海报以及个人主页的设计制作，学会滤镜、钢笔工具、图层样式、绘图工具和 3D 功能等。

能力目标

◎ 能根据主题的特点分析制作要求进行创意设计。

◎ 能使用钢笔工具绘制图形。

◎ 能使用路径选择工具、直接选择工具、转换点工具调整路径。

◎ 能使用滤镜工具调整图像样式。

◎ 能使用 3D 功能创建 3D 文字。

素质目标

◎ 能富有创意地设计制作平面图片。

◎ 培养团队合作精神。

任务一　设计 3D 艺术文字

任务描述

本任务是设计与制作 3D 文字艺术效果。通过本任务的学习，掌握用 3D 文字、钢笔工具、画笔描边路径、定义画笔预设、图层混合模式和滤镜设计制作 3D 文字。最终效果如图 7-1-1 所示。

图 7-1-1　3D 文字效果图

设计 3D 艺术文字视频

重点和难点

重点：3D 文字、钢笔工具、画笔描边路径、定义画笔预设、图层混合模式和滤镜的使用。

难点：设置 3D 文字的属性。

方法与步骤

1. 新建画布

选择“文件”→“新建”命令，打开“新建”对话框。设置预设详细信息为“3D 文字 .psd”，宽度为 960 像素，高度为 640 像素，分辨率为 300 像素 / 英寸，颜色模式为 RGB，单击“确定”按钮。

2. 绘制背景

（1）新建图层，使用“油漆桶工具”填充“深紫色 #1b0a17”。新建图层，选择“矩形选框”绘制出一个矩形，使用“渐变工具”填充“径向渐变”，颜色为“淡紫色 #ab1185”到“深紫色 #1b0a17”，如图 7-1-2 所示。

（2）新建图层，使用“钢笔工具” 绘制“光线”，单击“路径”面板中的“将路径作为选区载入”按钮，填充“淡紫色 #ab1185”，取消选择。将此图层复制多层，并选择“编辑”→“自由变换”命令，将中心点调整为三角形顶点，并旋转、缩放调整，最后将此图层为不透明度设置为 15%，效果如图 7–1–3 所示。

图 7–1–2　填充背景

图 7–1–3　绘制光芒

3. 绘制 3D 文字

（1）使用“横排文字工具” ，输入 ADOBE，设置字体为 Bernard MT Condensed，字号为 16 pt 颜色为灰色。在“文字工具”菜单中单击“从文本创建 3D” 按钮，则打开文字 3D 效果。更改“属性”面板中的凸出深度为“12.69 厘米”，锥度为 66%，如图 7–1–4 所示。更改“形状预设”为“膨胀”，如图 7–1–5 所示。

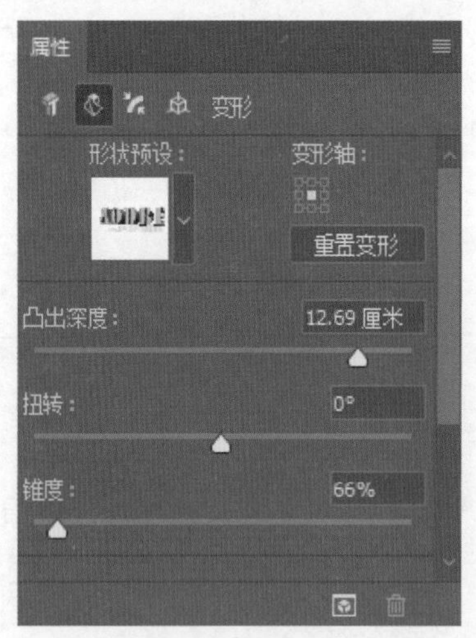

图 7–1–4　设置“凸出深度”和“锥度”

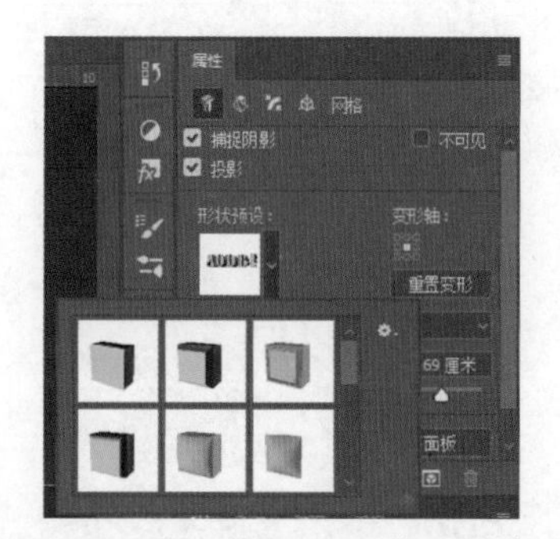

图 7–1–5　更改“形状预设”为“膨胀”

（2）打开 3D 面板，单击“Aodbe 前膨胀材质”，调整为“绒面塑料（蓝色）”，再调整漫射为“橙色”，如图 7–1–6 所示。

（3）单击文字，使用“绿色圆锥形箭头”调整文字的位置在图片中央，如图 7–1–7 所示。

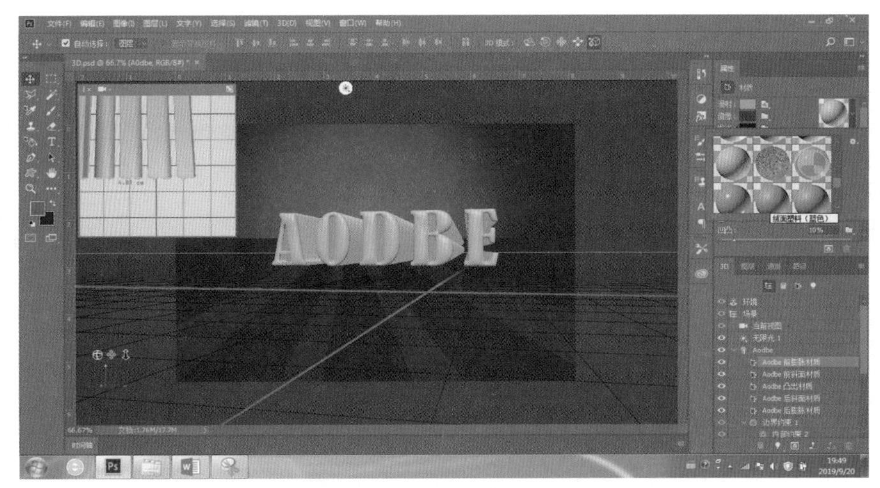

图 7-1-6　设置立体字颜色及材质

图 7-1-7　调整文字位置

4. 绘制装饰物

（1）新建图层，使用“钢笔工具”绘制出一个“S”形路径，如图 7-1-8 所示。双击“路径”面板中的“工作路径”，保存当前路径名为“S”。设置“画笔工具”为“3 像素”，单击“路径”面板中的“画笔描边路径”按钮。除此图层之外，其他图层取消显示。选择“编辑”→“定义画笔预设”命令，将此形状定义为“弧度”，单击“确定”按钮，如图 7-1-8 所示。

图 7-1-8　定义画笔预设

（2）将所有图层显示，隐藏“弧度”图层。使用“钢笔工具”绘制出一个“大 S”形路径，如图 7-1-9 所示。新建图层，设置“画笔笔刷”为“弧度”，打开

“画笔设置”面板，设置“间距”为10%，单击“路径”面板中的“画笔描边路径”按钮，得到如图7-1-10所示的样式。

图7-1-9 绘制装饰路径

图7-1-10 画笔描边路径

（3）复制3个此图层，并调整其大小、位置，再单击“图层样式”按钮添加“渐变叠加”效果，如图7-1-11所示。

（4）新建图层，填充“黑色”，多次选择“滤镜”→“渲染”→“镜头光晕”命令，设置不同种类、不同亮度的镜头，形成多个光斑，如图7-1-12所示。调整此图层的“混合模式”为“滤色”，将此图层至于顶层，得到如图7-1-13所示的效果。

图7-1-11 设置渐变叠加效果

图7-1-12 添加镜头光晕

图7-1-13 设置滤色效果

（5）新建图层，设置“画笔工具” 为“高级喷溅和纹理”（见图 7-1-14），绘制不同大小的喷溅效果，再单击“图层样式”按钮 添加“渐变叠加”彩色效果，最终效果见图 7-1-1。

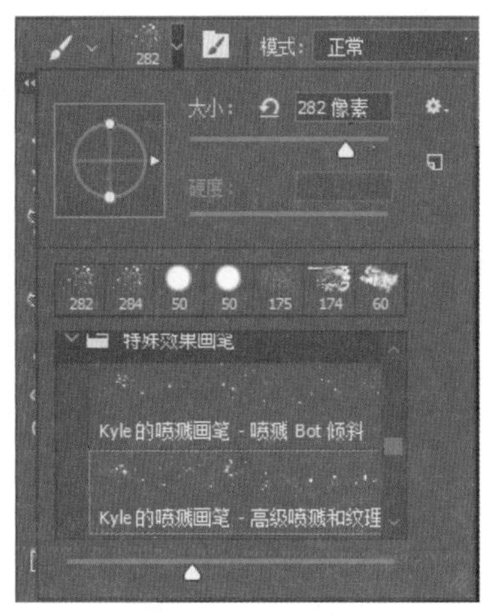

图 7-1-14　设置“高级喷溅和纹理”画笔

任务二　设计旅游创意照片

任务描述

本任务是设计与制作旅游照片的创意设计。通过本任务的学习，掌握用矢量蒙版、剪贴蒙版、高斯模糊和混合模式等设计制作“另一片天空”旅游照片。最终效果如图 7-2-1 所示。

图 7-2-1　旅游照片效果图

设计旅游创意照片视频

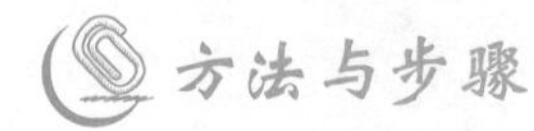

重点和难点

重点：矢量蒙版、剪贴蒙版、高斯模糊和混合模式的使用。

难点：矢量蒙版的灵活使用。

方法与步骤

1. 新建画布

选择“文件”→“新建”命令，打开“新建”对话框。设置预设详细信息为“旅游照片 .psd”，宽度为 640 像素，高度为 800 像素，分辨率为 300 像素 / 英寸，颜色模式为 RGB，单击“确定”按钮。

2. 绘制背景

（1）新建图层，使用“油漆桶工具”填充“蓝色 #64a6e6”。导入素材“海滩 .png”，对此图层添加“矢量蒙版”，使用“钢笔工具”绘制一个三角形，将此路径保存为“形状”。单击“路径”面板中的“将路径作为选区载入”按钮，在蒙版图层填充黑色，再将城市上方的天空用黑色画笔涂抹于蒙版上，效果如图 7–2–2 所示。

（2）复制素材“海滩 .png”，选择“编辑”→“变换”→“逆时针旋转 90 度”命令，将图片竖过来。对此图层添加“矢量蒙版”，再使用之前保存过的“形状”路径进行设置，效果如图 7–2–3 所示。

图 7–2–2　横向城市效果

图 7–2–3　竖向城市效果

（3）新建图层，使用之前保存过的“形状”路径选区添加阴影，设置前景色为“黑色”，单击“渐变填充”按钮，选择“黑色到透明”，在“形状”选区绘制阴影，设置“混合模式”为“差值”，如图 7–2–4 所示。

（4）新建图层，使用“钢笔工具”沿着海平面绘制一条折线，设置笔刷为“硬边圆”，大小为“3 像素”、颜色为“黄色 #fffa6c”，单击“路径”面板中“画笔描边路径”按钮，得到如图 7–2–5 所示的折线。选择“滤镜”→“模糊”→“高斯模糊”命令，设置半径为“8.8 像素”，效果如图 7–2–6 所示。

图 7–2–4　添加阴影效果

图 7–2–5　绘制折线

图 7–2–6　添加高斯模糊

3. 绘制标题

（1）使用“横排文字工具”，输入“另一片天空”，字体为华文行楷，字号分别为 12 点、14 点。使用“横排文字工具”输入英文文字 ANOTHER DAY，设置字体为 Elephant，字号为“4 点”。单击“添加图层样式”按钮对文字图层添加“投影”效果，如图 7–2–7 所示。

（2）新建图层，导入素材“天空 .jpg”，使用“移动工具”将图片覆盖在“天空”两字上，如图 7–2–8 所示。右击“天空”图片，选择“创建剪贴蒙版”命令，则图片填充在文字内部，如图 7–2–9 所示。

图 7–2–7　设置投影效果

图 7–2–8　图片覆盖在“天空”文字

图 7–2–9　剪贴蒙版

（3）新建图层，分别置入素材“船 .png”、“海星 .jpg”和“贝壳 .jpg”，放置在图片上，如图 7–2–10 所示。

图 7–2–10　置入素材

（4）新建图层，复制素材“天空 .jpg”对其添加“矢量蒙版”，用画笔修饰图片，最终效果见图 7–2–1。

任务三　设计绚丽手机创意海报

任务描述

本任务是设计与制作手机的创意海报。通过本任务的学习，掌握套索工具、蒙版工具、文字工具、路径工具、图层样式和滤镜工具制作绚丽的手机创意海报。最终效果如图 7–3–1 所示。

图 7–3–1　效果图

设计绚丽手机创意海报视频

重点和难点

重点：套索工具、蒙版工具、文字工具、图层样式和滤镜工具的使用。

难点：滤镜工具和路径工具的使用。

方法与步骤

1. 新建画布

选择“文件”→“新建”命令，打开“新建”对话框。设置预设详细信息为“手机海报 .psd”，设置宽度为 3 500 像素，高度为 2 000 像素，分辨率为 300 像素 / 英寸，颜色模式为 RGB，单击“确定”按钮。

2. 设置背景

在背景图层上使用“渐变工具”，设置“蓝色 #196db5”到“淡蓝色 #afddff”

的渐变。新建图层，填充黑色，前景色设置为“白色”，选择“滤镜”→“渲染”→“分层云彩”命令，设置图层填充为42%，效果如图7–3–2所示。

图7–3–2　背景效果

3. 绘制手机部分

（1）新建图层，命名为“手机”。将素材中的“手机.png”置入“手机”图层中。使用“多边形套索工具”选出“手机屏幕”区域，按住【Delete】键删除手机的屏幕。保持选区，新建图层，设置前景色为“蓝色#6dc7d3”，背景色为“淡蓝色#30a3d1”，使用“渐变工具”，方式为“径向渐变”，填充效果如图7–3–3所示。

（2）新建多个图层，将“波浪.png”、“天空.png”、“海豚.png”和“小岛.png”置入到手机中，调整大小位置，再通过“蒙版工具”进行修饰，效果如图7–3–4所示。

（3）新建图层，制作手机投影效果，使用“多边形套索工具”绘制阴影区域，使用“渐变工具”，填充“黑色到透明”的线性渐变，如图7–3–5所示。

图7–3–3　渐变填充手机屏幕

图7–3–4　置入手机屏幕素材

图7–3–5　绘制手机阴影

（4）新建图层，复制素材“椰树.png”，调整其大小、位置。复制一层“椰树”用作倒影，对“椰树副本”添加“图层样式”中的“颜色叠加”，叠加灰色颜色，将此图层不透明度设置为53%。对此图层添加“矢量蒙版”，设置“黑色到白色”的渐变色填充，使得“椰树阴影”有真实感，如图7–3–6所示。

（5）新建图层，将“鲸鱼.jpg”复制过来，调整位置及大小。使用“蒙版工具”

将鲸鱼的尾巴部分删去。单击“滤镜”→“渲染”→“镜头光晕”命令，参数设置如图 7-3-7 所示，将光斑放置在鲸鱼的头部。鲸鱼的效果如图 7-3-8 所示。

图 7-3-6　椰树及其投影效果

图 7-3-7　镜头光晕的设置

图 7-3-8　鲸鱼的效果

（6）复制“鲸鱼”图层，选择“编辑”→“变换”→“垂直翻转”命令，再自由变换此图像大小、位置。对“鲸鱼副本”图层，单击“图层样式”按钮 fx 选择“颜色叠加”，叠加“灰色”颜色，将此图层不透明度设置为 66%。

（7）新建图层，将“水花 .png”复制过来，如图 7-3-9 所示。

图 7-3-9　添加水花效果

4. 添加文字

使用“横排文字工具”T，输入文字“5G手机”、“天下”和“往”字。对“5G手机”文字设置变形样式“扇形”，相关参数如图7-3-10所示。再单击“图层样式”按钮fx添加“投影”，效果图7-3-11所示。

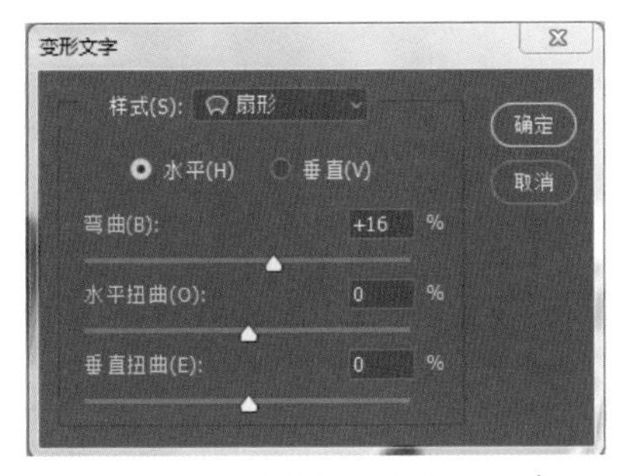

图7-3-10　变形文字“扇形”参数

图7-3-11　文字整体效果

5. 添加装饰素材图片

新建图层，使用“钢笔工具”绘制出曲线，如图7-3-12所示，保存路径为“云朵”。单击“图层”面板中的“将路径作为选区载入”按钮，设置前景色为“白色”，使用“油漆桶工具”填充。复制多个“云朵”图层，再置入素材“海鸥.jpg”和“海鸥.jpg”，最终效果见图7-3-1。

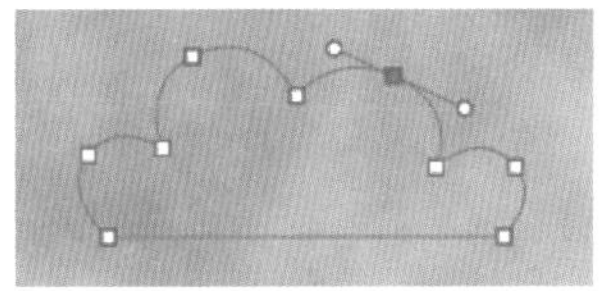

图7-3-12　绘制“云朵”路径

任务四　设计清新个人主页

任务描述

本任务是设计与制作个人网站主页。通过本任务的学习，掌握用滤镜、图层样式、钢笔工具、描边路径、自定形状工具、文字工具、直接选择工具和转换点工具调整路径形状设计制作清新风格的个人主页，效果如图7-4-1所示。

图7-4-1　个人主页效果图

设计清新个人主页视频

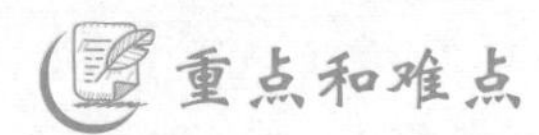

重点和难点

重点：滤镜、图层样式、钢笔工具、描边路径、自定形状工具、文字工具的使用。

难点：使用直接选择工具、转换点工具调整路径形状。

方法与步骤

1. 新建画布

选择“文件”→“新建”命令，打开“新建”对话框。设置预设详细信息为“个人主页 .psd”，宽度为 1 600 像素，高度为 900 像素，分辨率为 300 像素 / 英寸，颜色模式为 RGB，单击“确定”按钮。

2. 制定网页布局

选择“视图”→“标尺”命令，设置如图 7–4–2 所示的参考线。

图 7–4–2　设置参考线

3. 绘制 Banner

（1）新建图层，使用“矩形选框工具”绘制出一个矩形，并用“油漆桶工具”填充“浅蓝色 #b4f0f0”。前景色设置为“白色”，选择“滤镜”→“风格化”→“拼贴”命令，设置拼贴数为“10”。置入素材“双椰子 .png”、“西瓜 .png”、“西瓜女孩 .png”和“冰块 .png”，输入文字“个人主页”和“PENSONAL PAGE”，效果如图 7–4–3 所示。

图 7–4–3　Banner 效果

（2）新建图层，将背景素材“背景图 .jpg”置入到 Banner 的下方，设置图层透明度为 37%，如图 7-4-4 所示。

图 7-4-4 置入背景图片

4. 绘制木质按钮

（1）新建图层，使用“矩形选框工具”绘制出一个矩形，并用“油漆桶工具”填充“淡橙色 # fce4be”。单击“图层样式”按钮，对此图层添加投影效果，颜色为 #824d00，其余参数如图 7-4-5 所示。使用“椭圆工具”绘制出木头纹理，保存路径为“纹理”，设置前景色为 #caa367，画笔大小为“1 像素”，单击“路径”面板中的“用画笔描边路径”按钮，多余部分可以用“橡皮擦工具”擦除，得到纹理效果。置入装饰素材“木板树叶 .png”，木质按钮效果如图 7-4-6 所示。将此按钮图层合并，并复制出 3 个相同的木质按钮。

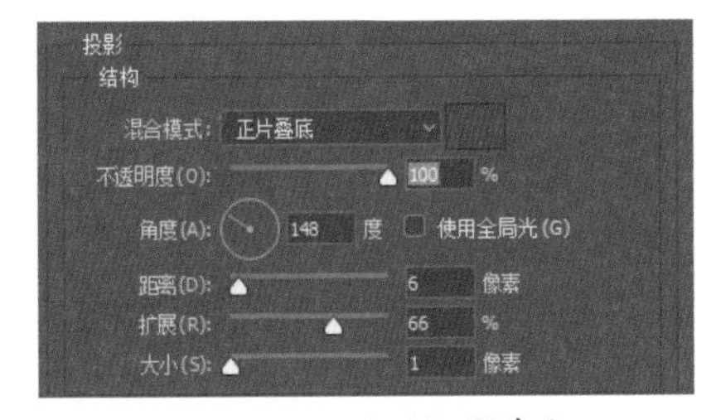

图 7-4-5 设置投影参数

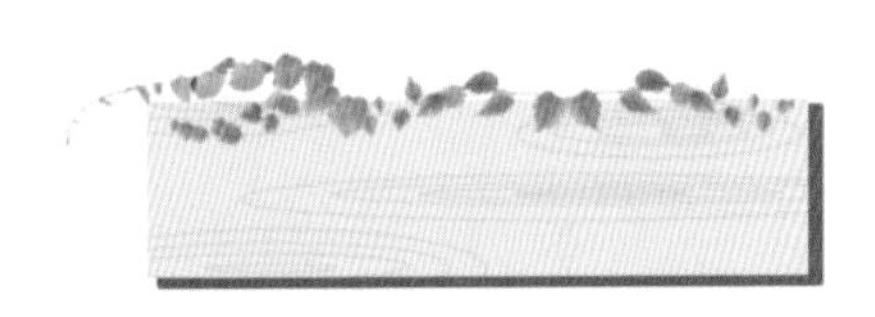

图 7-4-6 木质按钮效果

（2）新建图层，使用“自定形状工具”的像素模式绘制如图 7-4-7 所示的图形，在软件右侧的“样式”中选择合适的样式，则图形添加了默认的样式，然后可以在“图层”面板中做细微的修改，取消或者更换图层样式。使用“文字工具”输入如图 7-4-7 所示的文字。

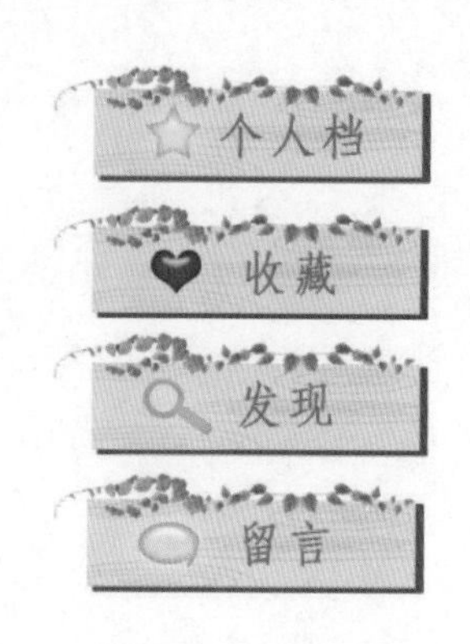

图 7-4-7 木质按钮

5. 绘制登录信息

（1）新建图层，使用“椭圆工具”的像素模式，颜色为 #b8e0ea，按住【Shift】键绘制出一个正圆，对此圆形设置“描边”的图层样式，描边颜色为 #7bddf6，大小为“3 像素”。

（2）新建图层，使用“椭圆工具”的像素模式，颜色为“白色”，按住【Shift】键绘制出一个正圆，作为“头部”。

（3）新建图层，使用“钢笔工具”绘制出一个梯形，并用“直接选择工具”、“转换点工具”对路径进行修改。单击“路径”面板中的“将路径转换为选区”按钮，用“油漆桶工具”填充白色。使用“横排文字工具”输入相应的文字，如图 7-4-8 所示。

图 7-4-8 绘制登录信息

6. 绘制中心内容

（1）新建图层，使用“矩形选框工具”绘制出一个矩形，并用“油漆桶工具”填充“淡蓝色 #f6fffd”。对此矩形设置“描边”的图层样式，描边颜色为 #065b25，大小为“3 像素”。

（2）新建图层，使用“矩形工具”，小于之前的矩形框，设置“画笔”参数（见图 7-4-9），且更改“形状动态”的“角度抖动”为“方向”。单击“路径”面板中的“用画笔描边路径”按钮，得到虚线效果。添加装饰藤蔓素材“折角花枝 .png”和“花枝 .png”，如图 7-4-10 所示。

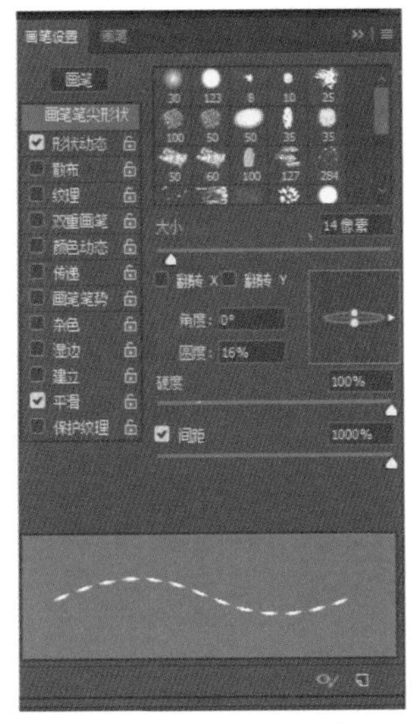

图 7-4-9　设置画笔参数

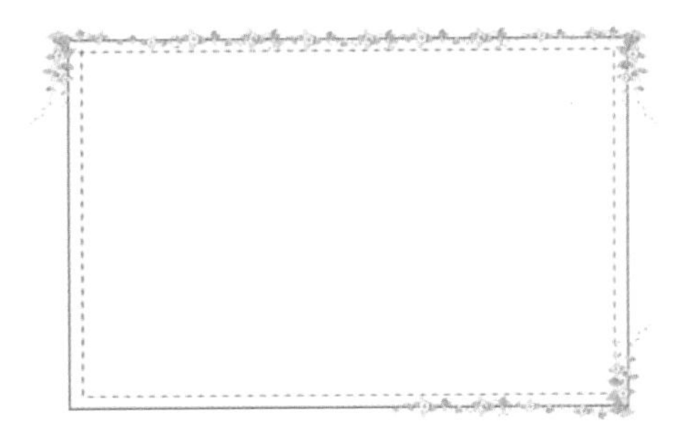

图 7-4-10　内容框效果

（3）使用“横排文字工具” T 输入文字，插入图片素材，如图 7-4-11 所示。最终效果见图 7-4-1。

图 7-4-11　内容框文字效果

知识与技能

1. 创建 3D 图像

（1）从 2D 图像创建 3D 对象

Photoshop 可以将 2D 图层作为起始点，生成各种基本的 3D 对象。创建 3D 对象后，可以在 3D 空间移动、更改渲染设置、添加光源或将其与其他 3D 图层合并。3D 面板如图 7-5-1 所示。

◎ 将 2D 图层转换到 3D 明信片中（具有 3D 属性的平面）。如果起始图层是文本图层，则会保留所有透明度。

◎ 使用 2D 图层包围 3D 对象，如锥形、立方体或圆柱体。

◎ 通过 2D 图像中的灰度信息创建 3D 网格。

◎ 通过在 3D 空间中凸出 2D 对象，模拟一种称为凸纹的金属加工技术。

◎ 从多帧文件（如 DICOM 医学成像文件）生成 3D 体积。Photoshop 将文件的各个切片合并为 3D 对象，以便在 3D 空间中进行处理，并可从任意角度观看。可以应用多种 3D 体积渲染效果，以优化多种材质扫描后的显示效果，如骨骼或软组织。

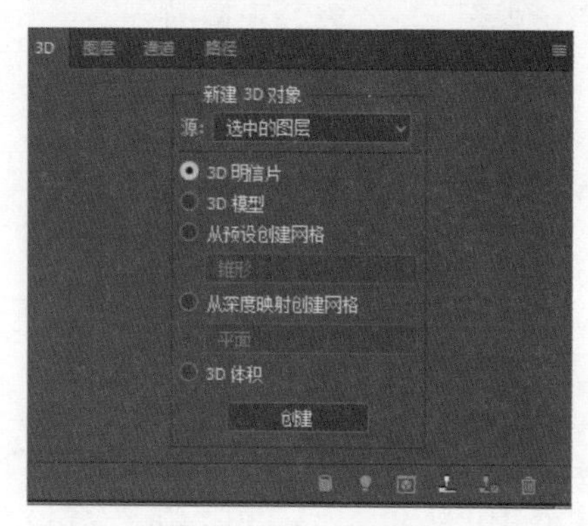

图 7-5-1　3D 面板

（2）创建 3D 明信片

◎ 打开 2D 图像并选择要转换为明信片的图层。

◎ 选择“3D”→“3D 明信片”。

2D 图层转换为“图层”面板中的 3D 图层。2D 图层内容作为材质应用于明信片两面。

原始 2D 图层作为 3D 明信片对象的“漫射”纹理映射出现在“图层”面板中。

3D 图层保留了原始 2D 图像的尺寸。

◎（可选）要将 3D 明信片作为表面平面添加到 3D 场景，请将新 3D 图层与现有的、包含其他 3D 对象的 3D 图层合并，然后根据需要对齐。

◎ 要保留新的 3D 内容，可将 3D 图层以 3D 文件格式导出或以 PSD 格式存储。

（3）创建 3D 形状

根据所选取的对象类型，最终得到的 3D 模型可以包含一个或多个网格。“球面全景”选项映射 3D 球面内部的全景图像。

◎ 打开 2D 图像并选择要转换为 3D 形状的图层。

◎ 选择“3D”→“从图层新建形状”，然后从菜单中选择一个形状。这些形状包括圆环、球面或帽子等单一网格对象，以及锥形、立方体、圆柱体、易拉罐或酒瓶等多网格对象。

注意：可以将自己的自定形状添加到“形状”菜单中。形状是 Collada (.dae) 3D 模型文件。要添加形状，可将 Collada 模型文件放置在 Photoshop 程序文件夹中的 Presets\Meshes 文件夹下。

2D 图层转换为“图层”面板中的 3D 图层。

原始 2D 图层作为“漫射”纹理映射显示在“图层”面板中。它可用于新 3D 对象的一个或多个表面。其他表面可能会指定具有默认颜色设置的默认漫射纹理映射。

◎ 如果将全景图像作为 2D 输入，请使用“球面全景”选项。该选项可将完整的 360° ×180° 的球面全景转换为 3D 图层。转换为 3D 对象后，可以在通常难以触及的全景区域上绘画，如极点或包含直线的区域。有关通过缝合图像创建 2D 全景图的信息，可参阅创建 360° 全景图。

◎ 将 3D 图层以 3D 文件格式导出或以 PSD 格式存储，以保留新 3D 内容。

（4）创建 3D 网格

“从灰度新建网格”命令可将灰度图像转换为深度映射，从而将明度值转换为深度不一的表面。较亮的值生成表面上凸起的区域，较暗的值生成凹下的区域。然后，Photoshop 将深度映射应用于 4 个可能的几何形状中的一个，以创建 3D 模型。

◎ 打开 2D 图像，并选择一个或多个要转换为 3D 网格的图层。

◎ 将图像转换为灰度模式。选择“图像”→“模式”→“灰度”命令，或选择“图像”→“调整”→“黑白”命令以微调灰度转换。

注意：如果在创建网格时使用 RGB 图像作为输入内容，则使用绿色通道生成深度映射。如有必要，可调整灰度图像以限制明度值的范围。

◎ 选择“3D” →“从灰度新建网格”命令，然后选择网格选项。

平面：将深度映射数据应用于平面表面。

双面平面：创建两个沿中心轴对称的平面，并将深度映射数据应用于两个平面。

圆柱体：从垂直轴中心向外应用深度映射数据。

球体：从中心点向外呈放射状地应用深度映射数据。

Photoshop 可创建包含新网格的 3D 图层。还可以使用原始灰度或颜色图层创建 3D 对象的“漫射”、“不透明度”和“平面深度映射”纹理映射。

可以随时将“平面深度映射”作为智能对象重新打开，并进行编辑。存储时，会重新生成网格。

2. 3D 面板

选择 3D 图层后，3D 面板会显示关联的 3D 文件的组件。在面板顶部列出文件中的网格、变形、盖子和坐标。面板的底部显示在顶部选定的 3D 组件的设置和选项。

（1）网格设置（见图 7–5–2）。

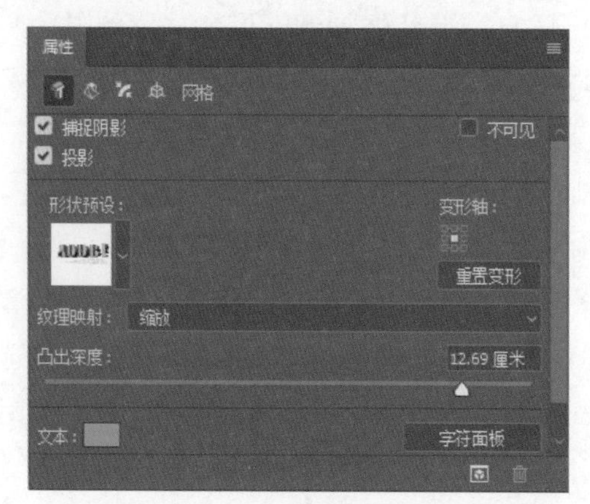

图 7–5–2　3D 选项网格设置

3D 模型中的每个网格都出现在 3D 面板顶部的单独线条上。选择网格，可访问网格设置和 3D 面板底部的信息。这些信息包括：应用于网格的材质和纹理数量，以及其中所包含的顶点和表面的数量。

◎ 捕捉阴影：控制选定网格是否在其表面上显示其他网格所产生的阴影。

◎ 投影：控制选定网格是否投影到其他网格表面上。

◎ 不可见：隐藏网格，但显示其表面的所有阴影。

◎ 阴影不透明度：控制选定网格投影的柔和度。在将 3D 对象与下面的图层混合时，该设置非常有用。

（2）材质

3D 面板顶部列出了在 3D 文件中使用的材质（见图 7–5–3），可能使用一种或多种材质来创建模型的整体外观。

如果模型包含多个网格，则每个网格可能会有与之关联的特定材质。或者模型可能是通过一个网格构建的，但在模型的不同区域中使用了不同的材质，如图 7–5–4 所示。

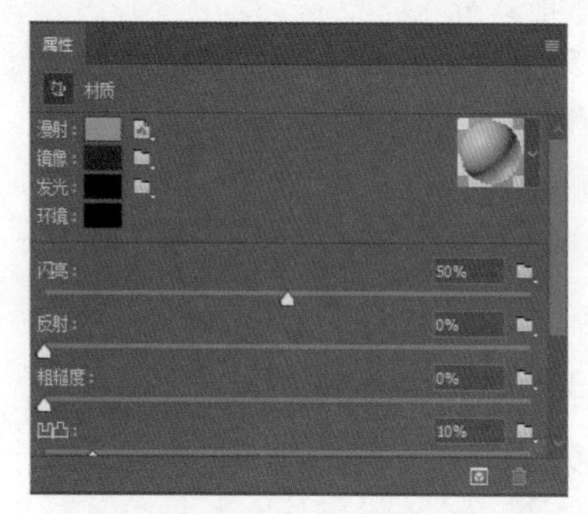

图 7–5–3　设置材质

图 7–5–4　选择各个面赋予材质

对于 3D 面板顶部选定的材质，底部会显示该材质所使用的特定纹理映射。

◎ 漫射：材质的颜色。漫射映射可以是实色或任意 2D 内容。如果选择移去漫射纹理映射，则“漫射”色板值会设置漫射颜色。还可以通过直接在模型上绘画来创建漫射映射。

◎ 不透明度：增加或减少材质的不透明度（在 0 ~ 100% 范围内）。可以使用纹理映射或小滑块来控制不透明度。纹理映射的灰度值控制材质的不透明度。白色值创建完全的不透明度，而黑色值创建完全的透明度。

◎ 凹凸：在材质表面创建凹凸，无须改变底层网格。凹凸映射是一种灰度图像，其中较亮的值创建突出的表面区域，较暗的值创建平坦的表面区域。可以创建或载入凹凸映射文件，或开始在模型上绘画以自动创建凹凸映射文件。“凹凸”字段用于增加或减少崎岖度。只有存在凹凸映射时，才会激活。在字段中输入数值，或使用小滑块增加或减少凹凸强度。

注意：从正面（而不是以一定角度）观看时，崎岖度最明显。

◎ 正常：像凹凸映射纹理一样，正常映射会增加表面细节。与基于单通道灰度图像的凹凸纹理映射不同，正常映射基于多通道 (RGB) 图像。每个颜色通道的值代表模型表面上正常映射的 x、y 和 z 分量。正常映射可用于使低多边形网格的表面变平滑。

注意：Photoshop 使用世界坐标空间正常映射，处理速度更快。

◎ 环境：存储 3D 模型周围环境的图像。环境映射会作为球面全景来应用。可以在模型的反射区域中看到环境映射的内容。

注意：要避免环境映射在给定的材质上产生反射，可将“反射”更改为 0%，并添加遮盖材质区域的反射映射，或移去用于该材质的环境映射。

◎ 反射：增加 3D 场景、环境映射和材质表面上其他对象的反射。

◎ 光照：定义不依赖于光照即可显示的颜色。创建从内部照亮 3D 对象的效果。

◎ 光泽：定义来自光源的光线经表面反射，折回到人眼中的光线数量。可以通过在字段中输入值或使用小滑块来调整光泽度。如果创建单独的光泽度映射，则映射中的颜色强度控制材质中的光泽度。黑色区域创建完全的光泽度，白色区域移去所有光泽度，而中间值减少高光大小。

◎ 闪亮：定义“光泽”设置所产生的反射光的散射。低反光度（高散射）产生更明显的光照，而焦点不足。高反光度（低散射）产生较不明显、更亮、更耀眼的高光。

◎ 镜面：为镜面属性显示的颜色（例如，高光光泽度和反光度）。

◎ 环境：设置在反射表面上可见的环境光的颜色。该颜色与用于整个场景的全局环境色相互作用。

◎ 折射：在场景“品质”设置为“光线跟踪”且“折射”选项已在“3D”→“渲染设置”对话框中选中时设置折射率。两种折射率不同的介质（如空气和水）

相交时，光线方向发生改变，即产生折射。新材质的默认值是 1.0（空气的近似值）。

（3）3D 光源设置

3D 光源从不同角度照亮模型，从而添加逼真的深度和阴影。要添加光源，可单击“创建新光源”按钮，然后选择光源类型。要删除某光源，可从位于“光源”部分顶部的列表中选择该光源。然后，单击面板底部的“删除”按钮。

◎ 点光像灯泡一样，向各个方向照射。

◎ 聚光灯照射出可调整的锥形光线。

◎ 无限光像太阳光，从一个方向平面照射。

◎ 基于图像的光源将发光的图像映射在 3D 场景之中。

3. 切片工具

“切片工具”可以将图像划分为若干较小的图像（见图 7-5-5），这些图像可在 Web 页上重新组合。通过划分图像，可以指定不同的 URL 链接以创建页面导航，或使用其自身的优化设置对图像的每个部分进行优化。

保存时，可以使用“存储为 Web 和设备所用格式”命令来导出和优化切片图像。Photoshop 将每个切片存储为单独的文件并生成显示切片图像所需的 HTML 或 CSS 代码。

在处理切片时，请谨记以下基本要点：

◎ 可以通过使用切片工具或创建基于图层的切片来创建切片。

图 7-5-5　将网页进行切片

◎ 创建切片后，可以使用切片选择工具选择该切片，然后对它进行移动和调整大小，或将它与其他切片对齐。

◎ 可以在“切片选项”对话框中为每个切片设置选项，如切片类型、名称和 URL。

◎ 可以使用“存储为 Web 和设备所用格式”对话框中的各种优化设置对每个切片进行优化。

4. 裁剪工具

"裁剪工具"可以将图像中含有大面积的纯色区域或透明区域进行裁剪操作，"裁剪工具"属性面板如图 7-5-6 所示。

图 7-5-6 裁剪工具选项栏

5. 裁切工具

选择"图像"→"裁剪"命令，打开"裁切"对话框，如图 7-5-7 所示。

◎ 透明像素：如果当前像素的多余区域是透明的，则选择此选项。

◎ 左上角像素颜色：根据图像左上角像素的颜色来确定裁切的颜色范围。

◎ 右下角像素颜色：根据图像右下角的像素颜色来确定裁切的颜色范围。

◎ 裁切：用于设置裁切的区域范围。

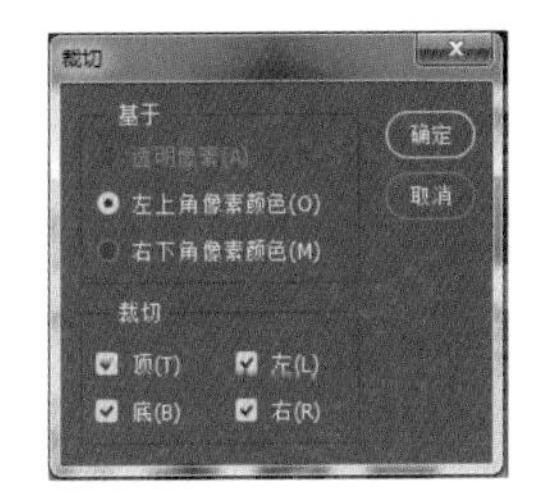

图 7-5-7 "裁切"对话框

6. 修饰工具

(1) 模糊工具

"模糊工具"可以对图像中被拖动的区域进行柔化处理，使其显得模糊。原理是降低像素之间的反差。"模糊工具"一般用来模糊图像，使用方法是在图像中拖动鼠标，鼠标经过的像素就会变得模糊。"模糊工具"选项栏如图 7-5-8 所示。

图 7-5-8 模糊工具选项栏

◎ 画笔：用于选择画笔的形状。

◎ 模式：用于设置模式。

◎ 强度：用于设置对图像的模糊程度。设置的数值越大，模糊效果就越明显。

◎ 对所有图层取样：用于确定模糊工具是否对所有可见层起作用。

(2) 锐化工具

"锐化工具"正好与"模糊工具"相反，可以增加图像的锐化度，使图像看起来更加清晰。原理是增强像素之间的反差。"锐化工具"的使用方法、设置与"模糊工具"一致。"锐化工具"选项栏如图 7-5-9 所示。

图 7-5-9 锐化工具选项栏

（3）加深工具

“加深工具” 可使图像区域变暗。“加深工具” 和 “减淡工具” 用于调节照片特定区域的曝光度的传统暗室技术。摄影师可遮挡光线以使照片中的某个区域变亮（减淡），或增加曝光度以使照片中的某些区域变暗（加深）。用减淡或加深工具在某个区域上方绘制的次数越多，该区域就会变得越亮或越暗。“加深工具” 选项栏如图 7-5-10 所示。

图 7-5-10　加深工具选项栏

◎ 中间调：更改灰色的中间范围。

◎ 阴影：更改暗区域。

◎ 亮点：更改亮区域。

（4）减淡工具

“减淡工具” 与 “加深工具” 相反，可使图像区域变亮。“减淡工具” 的使用方法、设置与 “加深工具” 一致。其选项栏如图 7-5-11 所示。

图 7-5-11　减淡工具选项栏

（5）海绵工具

“海绵工具” 可更改区域的颜色饱和度。“海绵工具” 的使用方法是在图像窗口中单击并按住鼠标不放，拖动鼠标使图像增加色彩饱和度。其选项栏如图 7-5-12 所示。

图 7-5-12　海绵工具选项栏

◎ 画笔：用于选择画笔的形状。

◎ 模式：用于设置饱和度处理方式。

◎ 流量：用于设置扩散的速度。

（6）涂抹工具

“涂抹工具” 可涂抹图像中的数据。“涂抹工具” 在图像上涂抹产生的效果就像使用手指在未干的颜料内涂抹一样，会将颜色进行混合或产生水彩般的效果。“涂抹工具” 一般常用来对图像的局部进行涂抹修整。其选项栏如图 7-5-13 所示。

图 7-5-13　涂抹工具选项栏

◎ 强度：用来控制涂抹区域的长短，数值越大，该涂抹点会越长。

◎ 手指绘画：勾选此项，涂抹图片时的痕迹将会是前景色与图像的混合涂抹。

修饰工具效果如图 7–5–14 所示。

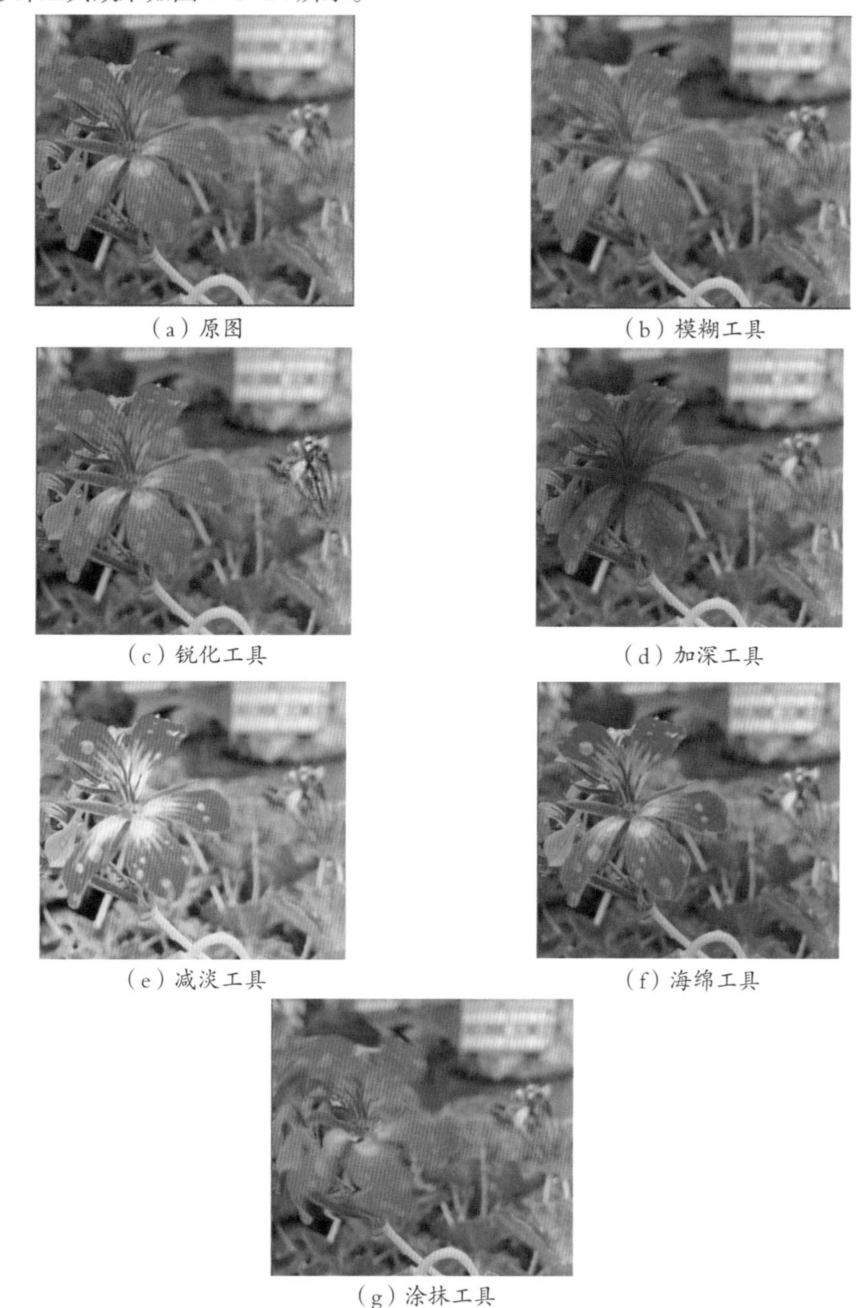

（a）原图　（b）模糊工具　（c）锐化工具　（d）加深工具　（e）减淡工具　（f）海绵工具　（g）涂抹工具

图 7–5–14　修饰工具效果

拓展与提高

1. 旅游创意海报

为旅游照片设计一份创意海报，设置文件的宽度为 640 像素，高度为 800 像素，分辨率为 300 像素 / 英寸，颜色模式为 RGB。

2. 个人主页设计

根据自己的兴趣爱好，设计一张个人主页。设置文件的宽为 1 600 像素，高为 1 200 像素，分辨率为 300 像素 / 英寸，颜色模式为 RGB。网页设计新颖，主题明确，各元素布局合理，层次感强，色彩统一协调。